U0297863

应急逃生理论与实践

主　编　苏　恒　姚勇征　徐晓楠
参编人员（按姓氏笔画排序）
马　港　毛睿海　汤　莹　陈天童　袁超越
徐　峰　徐子豪

中国劳动社会保障出版社

图书在版编目（CIP）数据

应急逃生理论与实践 / 苏恒，姚勇征，徐晓楠主编 . -- 北京：中国劳动社会保障出版社，2022

ISBN 978-7-5167-5228-9

Ⅰ.①应… Ⅱ.①苏… ②姚… ③徐… Ⅲ.①自救互救 – 基本知识 Ⅳ.①X4

中国版本图书馆 CIP 数据核字（2022）第 021922 号

中国劳动社会保障出版社出版发行

（北京市惠新东街 1 号 邮政编码：100029）

*

保定市中画美凯印刷有限公司印刷装订 新华书店经销

880 毫米 × 1230 毫米 32 开本 10.625 印张 243 千字
2022 年 3 月第 1 版 2022 年 8 月第 2 次印刷

定价：39.00 元

读者服务部电话：（010）64929211/84209101/64921644

营销中心电话：（010）64962347

出版社网址：http://www.class.com.cn

序

风险防范和应急管理,在世界范围内都是重大紧迫课题。而一段时期以来,我们已从多起突发事件中看到了血的教训,人死不可复生,惨痛的景象历历在目,一些地方政府在其中交付了高昂"学费",公信力经受严峻考验。《应急逃生理论与实践》是国内在这方面的系统性和专业化著述,它对于我国推进应急管理体系和能力现代化建设与解决面临的突出问题,有着积极的意义。

我国党和政府对应急管理体系建立和完善十分重视。2016年7月28日,习近平总书记在河北省唐山市考察时强调:"防灾减灾救灾事关人民生命财产安全,事关社会和谐稳定,是衡量执政党领导力、检验政府执行力、评判国家动员力、体现民族凝聚力的一个重要方面。"2019年11月29日下午,中共中央政治局就我国应急管理体系和能力建设进行第十九次集中学习。习近平总书记在主持学习时强调:"应急管理是国家治理体系和治理能力的重要组成部分,承担防范化解重大安全风险、及时应对处置各类灾害事故的重要职责,担负保护人民群众生命财产安全和维护社会稳定的重要使命。"

在建设新时代中国特色社会主义的进程中,应急管理体系建设更是被提上重要日程,成为国家治理体系和治理能力现代化建设不可或缺的一部分。从构建新时代国家应急救援体系,到成立应急管理部,从组建国家综合性消防救援队伍,到突发事件应急管理体系建设纳入"十四五"规划,无不反映了这样的关切。最近中国应急管理学会消防工作委员会应急疏散与救援研究院的成立，以及首届应急疏散与救援技术研讨会的召开，也映射出这个趋势。《应急逃生理论与实践》因此具有多方面的现实意义。

首先，它有利于践行执政理念。我国党和政府坚持以人民为中心，始终把"人民至上、生命至上"贯穿在各项工作中。在保护人民生命安全面前，宣告必须不惜一切代价，也能够做到不惜一切代价。检验一个地方政府的执政能力是否合格，其中很重要的就是看它是否有完备健全的风险防范和应急处置体系。应急逃生体系的建设和应用是一个试金石。当地震、洪水、火灾、公共安全、恐怖袭击等不期而至时，如何确保受困人员安全撤离，这不仅是一个技术问题，更是政府切实担负起"促一方发展、保一方平安"的政治责任，是检验执政能力的重大命题。

其次，它推动新时期高质量发展。我国正迈入全面建设社会主义现代化强国的新征程，进入经济高质量发展的新阶段。现代化产业体系的培育建立，新型产业引擎的打造，应对消费升级，完善社会治理能力，推进新农村建设和升级城市化，应对老龄化挑战，都离不开把握资源承载底线、生态底线、安全底线，以及增长、就业、社保等发展底线。应急管理体系的建设反映的正是这样的底线思维。只有化解安全风险，才能筑牢高质量发展的底板。同时，应急管理体系建设也正在形成一个覆盖面广、产业链长的新兴产业，是贯彻新发展理念的重要抓手，经济和社会效益都十分显著。

再次，它事关防范化解重大风险。新时期是我国发展面临的各方面风险不断积累甚至集中显露的时期。保障国家发展的连续性和稳定性，必须把防风险摆在突出位置。我国是世界上自然灾害严重的国家之一，灾害种类多、分布地域广、发生频率高、造成损失重，构成了基本国情。同时，我国各类事故隐患和安全风险交织叠加，影响公共安全的因素日益增多。一段时期以来，多地发生了不同种类的突发公共安全事件，不仅给人民生命财产带来严重危害，还引发海内外重大舆情，对政府的执政力和公信力构成挑战，不仅形成经济社会风险，而且积聚政治风险。

最后，助力建设科技强国。在"十四五"规划中，科技自立自强成为国家发展的战略支撑。应急管理体系建设具有很高的科技含量，几乎覆盖自然科学和社会科学的各个领域，涉及消防、安防、信息、交通、生态、能源、装备、生物、医药卫生等各个环节。如何强化应急管理装备技术支撑，优化整合各类科技资源，推进应急管理科技自主创新，提高应急管理的科学化、专业化、智能化、精细化水平，是当前和未来的重要任务，在这方面尤其要提升企业的创新能力，支持企业牵头组建创新联合体，承担国家重大科技项目。

《应急逃生理论与实践》以国家政策为指导，以政府实际工作为准则，以产业发展需求为牵引，从应急逃生的定义、标准、规范、法律、技术、装备等方面系统梳理了该领域的最新成果，为地震、洪水、火灾、公共安全、恐怖袭击等情形下的逃生行为提供了理论和实践指导。著述者中既有从事相关研究的专家学者，也有长期在一线从事工程实践的技术人员，从而使这部书具有较强的可操作性，有利于推动机构部门综合处置、单位组织防灾应急、群众个体自救互助、工程现场维护保障等的建设。其中，北京恒业世纪科技股份有限公司等国内应急管理的领军企业参与到了本书的相关研究中，开发完成了一批有企业核心自主知识产权的成果并形成了相应理论体系，为推动应急产品的研发与创新，推动国家相关标准体系的完善及应急生态平台的建立提供了一定的理论基础和成果支持。

本书共分为9章，第1章绪论由苏恒编写，第2章应急逃生与疏散的概念由徐晓楠编写，第3章应急逃生与公共安全由马港编写，第4章应急逃生研究现状由陈天童编写，第5章应急逃生法律、标准体系由徐子豪编写，第6章应急研究的理论基础6.1~6.3节由姚勇征编写，6.4节由毛睿海编写，第7章应急逃生技术及主要装备7.1节由徐峰编写，7.2节由汤莹编写，第8章应急逃生技术应用及示范工程8.1~8.7节分别由汤莹、毛睿海、马港、徐子豪、徐峰、陈天童、姚勇征编写，第9章应急逃生行业前景及需求分析由袁超越编写。全书由姚勇征、徐晓楠统稿。

由于本书编者水平有限，时间仓促，书中难免存在不足之处，希望广大读者批评指正。

目录

1 绪论

1.1 背景

随着生活水平的不断提高，我国城市化进程不断加快，城市规模越来越大，人口密度不断增加，而受到突发事件威胁的可能性和后果严重性也随之增加。当前人们面临的灾害形式多种多样，人为灾害包括恐怖活动、火灾、爆炸等；自然灾害包括洪水、大风、冰雹、地震等。加强对应急逃生的研究可以进一步提高应对各种突发事故和灾害的能力，根据事先制定的处理方法和措施，一旦发生重大事故和灾害，可以做出高效、快速的应急响应，尽可能减少危害。

安全的首要问题是人民的生命安全，在突发公共事件中，高效的安全疏散是保障人民生命安全的重要手段。近十年来，我国发生了多起群体性伤亡事故，大部分都是因为未能进行有效的安全疏散而造成了十分重大的损失。例如：2008 年 9 月 20 日，深圳市龙岗区龙岗街道舞王俱乐部发生火灾，造成 43 人死亡、88 人受伤。2014 年 12 月 31 日跨年夜，上海市黄浦区外滩陈毅广场发生人群踩踏事故，造成 36 人死亡，49 人受伤。事故不仅造成了巨大的生命财产损失，还产生了恶劣的社会影响，由于突发事件具有突发性、复杂性和多样性等特点，做到完全防范突发事件是不可能的，此时通过及时的应急管理措施，有效、安全、及时地进行疏散对确保居民在紧急情况下的人身安全非常重要。当突发事件发生时，在短时间内安全疏散人员，实施科学的应急疏散措施是减少事件损失的重要措施之一。

火灾事故等突发事件，通常难以预料，留给人们的疏散逃生时间往往仅有几分钟，短暂的逃生时间，对于减少伤亡人数十分重要，要充分有效地利用好疏散逃生时间，一旦发现火灾，人员应立即进行疏散逃生，减少人员伤亡及财产损失。

1.2 应急逃生重要性的体现

2015 年 5 月 6 日，中国扶贫基金会召开《中国公众防灾意识与减灾知识基础调查报告》发布会，向 29 个省（自治区、直辖市）展开关于防灾意识的调查。调查结果显示，城市群众普遍存在逃生意识薄弱和逃生知识储备不足的问题，甚至只有少数人了解离家最近的避难位置及有效的逃生路线，农村相比于城市群众的防灾和应急逃生意识更加薄弱，只有 11% 的受访者关注灾害知识，普遍缺少危机意识。灾难发生时逃生是相当重要的，因此，需要提高逃生意识。

国务院 2006 年 1 月 8 日发布的《国家突发公共事件总体应急预案》，明确提出了应对各类突发公共事件的六条工作原则："以人为本，减少危害；居安思危，预防为主；统一领导，分级负责；依法规范，加强管理；快速反应，协同应对；依靠科技，提高素质。"2016 年 7 月 28 日，习近平总书记在河北省唐山市就实施"十三五"规划、促进社会经济发展、加强防灾减灾工作进行调研时指出："防灾减灾救灾事关人民生命财产安全，事关社会和谐稳定，是衡量执政党领导力、检验政府执行力、评判国家动员力、体现民族凝聚力的一个重要方面。"2018 年 3 月，中共中央印发了《深化党和国家机构改革方案》，组建应急管理部，以提高国家应急管理能力和水平，提高防灾减灾救灾能力，确保人民群众生命财产安全和社会稳定为首要任务，进一步凸显了实现科学高效应急管理的迫切性和重要性，应急管理部要求坚持以人民为中心的发展思想，做最充分准备，精准救援、科学救援、安全救援，尽最大努力减少人民群众生命财产损失，对突发事故中人员的安全逃生问题进行研究，科学合理地组织规划人员逃生路线。

同时国际救援组织联盟（IAG）通过大量研究得出结论：灾情发生后救援的顺序是自救、邻里互救、社会力量救援，其中自救是能够起到比较大作用的。中国工程院院士范维澄认为："高层或超高层建筑不能过于期待外部灭火，要靠预防和自救，高层火灾的应对之策：预防为主，立足自救，综合保障。"无数起血的事故教训反复说明，消防安全关键在"防"；能不能防得住，关键在人；能不能逃生，在一定程度上取决于会不会逃生自救，应当学会自救逃生，逐渐提高逃生意识，以求更有效率地解决火灾逃生的问题。坚持人民至上、生命至上，紧紧咬住"责任"二字不放松，切实把确保人民生命安全放在第一位落到实处。在事故面前要进一步完善人员转移避险方案预案，明确撤离路线，加强人员转移后的安全管理，防止威胁解除前群众擅自返回。

综上所述，为尽可能减少事故发生后，人民群众生命财产损失，国内外提出了进一步推广逃生理念及应急逃生的建议策略，同时国家及相关部委领导人也在发表讲话时多次提到了应当加强应急及疏散的作用及意义，因此，更需要全社会共同提高对应急逃生及疏散的重视程度。

1.3　应急逃生的意义

当有突发事件发生时，能否进行高效的应急逃生与疏散直接关系到事故所造成的人员伤亡以及经济财产损失的多少。发生火灾时，由于各种物质的燃烧，会产生大量对人体有害的有毒气体、浓烟或粉尘，这些燃烧产物会对人的视觉造成影响，导致受灾人员无法准确看清火灾现场及周边的情况，进而会增加受灾人员的恐惧心理，进一步增加了人员伤亡的可能性。

除了火灾，地震本身造成的直接伤害其实是有限的，更多的人是由于逃生方式不合理，意志不坚定导致心理崩溃，以及救援方式不科学而丧生。比如汶川地震后很多人不在地震后的第一时间离开危楼而被压在废墟下面；有很多学生距离厕所很近，却不懂得自己钻过去取水，坚持不到三天就遇难了；还有很多住在高层的人不第一时间躲进厕所和承重墙下面，却盲目地往楼下冲，最终导致悲剧的发生。

我国内部救援与外部救援仍存在一些问题。从内部救援的角度来看，内部疏散系统的控制管理有待加强，同时国内仍普遍存在大批的老旧建筑，这些建筑内部疏散设施大都无法满足国家现行规范要求，安全疏散相对困难；从外部救援的角度来看，我国目前的消防救援装备滞后于建筑的发展，举高和远射能力有时难以满足当前的新型建筑，救援效率较低，救援设备体积庞大，易受到道路交通、周边环境的影响，很多情况下并不能起到预期的救援效果。

除此之外，我国城市化的进程不断加快，带动越来越多的高层和特殊类型的现代建筑物出现，在使用功能、建筑材料、结构形式、空间大小、配套设施等方面都产生了一些差异，使得人员的安全疏散难度大大增加。因此，大力宣传避难逃生的常识，增强公民的自救意识，提高对应急逃生重要性的认识，定期开展自救演习等活动，保障应急逃生设备得到正确和有效的利用是很有必要的。

参考文献

［1］梁冰，林文岩. 公路隧道应急逃生系统有关问题及对策：2014 年全国公路养护技术学术年会论文集［C］. 北京：人民交通出版社，2014.

［2］程楠. 灾害面前，你是不是心中有数的 4%：中国公众防灾意识与减灾知识基础调查报告［J］. 中国社会组织，2015（34）：11-41.

［3］张昊，李宏文，沈金波. 建筑火灾逃生新方法——室外应急疏散［J］. 建筑科学，2018（24）：50-52.

［4］钟开斌. 中外政府应急管理比较［M］. 北京：国家行政学院出版社，2012.

［5］何招娟. 基于 BIM 的大型公共场馆安全疏散研究［D］. 武汉：华中科技大学，2012.

［6］于全魁. 基于精细 CA 的人员逃生模拟及地震伤亡评估［D］. 哈尔滨：哈尔滨工业大学，2016.

［7］初建宇，马丹祥. 防灾避难场所规划设计方法与应用［M］. 北京：知识产权出版社，2015.

［8］贾建中，刘冬梅，唐进群，等. 从汶川地震看城市避灾用

地缺失与避灾绿地建设：第十届中国科协年会论文集（二）[C]．郑州：中国科学技术协会，2008.

［9］杜长锋．基于家庭火灾的应急自救逃生产品设计探析［J］．低碳世界，2016（25）：263-264.

2　应急逃生与疏散的概念

2.1　应急逃生的概念

经济和社会发展不断提高的同时，现代城市中的人口数量显著增加，一些场所的人员密度非常高，导致各种突发事件不断发生，造成的人员伤亡和财产损失越来越大。因此，在突发事件发生时如何才能使人员更加安全、迅速地疏散撤离至安全区域，减少人员伤亡，这是人民群众高度关注的问题。目前，国内外对应急逃生的概念缺乏统一的定义，对于应急，术语在线给出的概念是需要立即采取某些超出正常工作程序的行动以避免事故发生或减轻事故后果的状态；也泛指立即采取超出正常工作程序的行动。逃生指的是逃出危险境地，以保全生命。应急逃生的概念概括为在危险情况下，立即采取某些超出正常工作程序的行动以避免事故发生或减轻事故后果，最终逃出危险并保全生命的过程。

2.2 应急疏散的概念

应急疏散是减少人员伤亡的关键，也是应急响应。应当对疏散的紧急情况和决策、预防性疏散准备、疏散的区域、疏散的距离、疏散的路线、疏散的运输工具、安全集合点作出详细的规定和准备；同时应考虑疏散的人数、天气情况等条件的变化等问题。对临时疏散的人群，要做好临时的生活安置，保障必要的生活条件。应急疏散的概念概括为在突发事件发生时，相关管理部门或组织机构充分考虑人与环境情况的前提下，采取相应的措施引导人员从事发地点有序撤离至安全区域并做好生活安置与保障的全过程。

2.3 应急逃生与应急疏散的关联和区别

一般意义上讲，应急疏散与应急逃生的目的完全相同，就是要使事故可能伤害的对象尽可能地迅速远离事故现场，全力规避事故风险。但它们又有着区别，这一区别主要体现在三个方面：一是撤离方式不同，应急疏散是在严密组织下的计划撤离，属于"组织隔离"行为；而逃生虽然也有组织干预的成分，但更多情况下属于人们的自发行为，属于"个人逃离"行为。二是撤离时间不同，应急疏散既可以与抢险救援行为同时进行，也可以在抢险失败之后继续进行；而应急逃生则发生在仓促无备的情况下，或者发生在抢险失败之后，属于无可奈何情况下的逃命之举。三是撤离目的不同，应急疏散既是为了防止事态扩大，以免发生"城门失火，殃及池鱼"的灾难，同时也是为了方便事故处置和抢险救援行动的进行；而应急逃生则纯粹属于抢险无望之后的逃离，意味着对应急抢险救援工作的暂时放弃或永久放弃，虽然是不得已而用之，但其对保护人员生命安全的作用却不可低估。

公共场所发生突发事件时，如果应急救援抢险工作来不及顺利展开或已失败，事发地点周边的人员必须选择快速逃生。以火灾事故为例，决定逃生效果的关键因素是逃生速度与烟气或毒气等扩散速度的大小。即逃生速度大于烟气或毒气扩散速度意味着人员生存或健康；反之，则意味着人员死亡或伤害。而应急疏散的关键因素是指应急疏散半径越大，安全可靠性就越大。

2.4 应急逃生相关案例

2013 年 2 月 23 日凌晨，浙江温岭市泽国镇三间民房发生火灾，事故造成 8 人死亡，遇难者为 6 名成年人、1 名婴儿、1 名幼童。遇难者因为错误的逃生方法，倒在了逃生路上，而获救者中有人因懂逃生技巧，和自己家人一起成功逃生。如果遇难者能掌握熟练的逃生技巧，逃生成功的可能性将大大增加。8 位遇难者的遗体有 6 具是在楼道搜救到的，另外 2 具在室内发现，其中 1 具所处的房间门房敞开，另 1 具倒在靠门的位置。

2015 年 1 月 14 日，浙江省台州市玉环县解放塘社区一住宅楼室外停车棚内电动车起火，浓烟向楼道蔓延，因为逃生知识掌握和使用的不足导致楼道内逃生的 8 名人员死亡。

2020 年 6 月 17 日，湖南省娄底市某小区商住楼一个仓库发生火灾造成 7 人死亡，火灾发生地点为小区的底层物流配送站，过火面积约 400 m^2。物流配送站门店前堆放的准备配送的家电堆垛先起火，在大风天气的作用下，迅速蔓延至门店内，导致在门店内及在门店前救火的 7 人未能及时逃生，事发地点货物堆场没有任何禁火措施，室内消火栓被门柱封堵，配送站管理人员扑救初起火灾能力差，没有及时组织人员疏散，配送站工作人员缺乏基本的逃生常识，火灾受害者全部为烟熏致死。

通过以上案例可以知道，凡造成重大人员伤亡的火灾，大多都是由于没有可靠的安全疏散设施或被困人员逃生意识不强。有的疏散楼梯不封闭、不防烟；有的疏散出口数量少，疏散宽度不够；有的在安全出口上锁、疏散通道堵塞；有的缺少火灾事故照明和疏散指示标志。建筑物应当根据不同使用性质、不同火灾危险性合理设置安全疏散设施，为建筑物内人员和物资的安全疏散提供条件，普通民众也应增强自身的应急逃生意识并掌握一定的逃生技巧。

2.5 火灾情况下人员安全疏散的判断标准

对于应急逃生安全的判断标准难以总结归纳，大部分情况下人们用的是安全疏散的判断准则，为了能够更加具体形象地说明安全疏散的判别标准，将以火灾情况下的应急逃生疏散作为示例进行说明。

通常认为，在火灾条件下，火灾发展和人员疏散在同一时间线上不可逆地同时进行。人员应急疏散应当考虑必需安全疏散时间（RSET）和可用安全疏散时间（ASET）的大小。ASET是指从发生火灾到危及人身安全的时间，RSET 则是从发生火灾到疏散所有人员的时间。安全疏散的原则是必需安全疏散时间（REST）应小于可用安全疏散时间（AEST），如图 2.1所示。

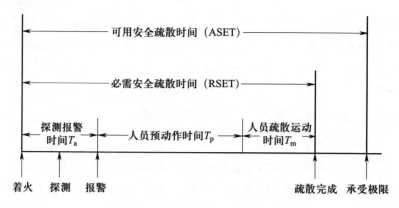

图 2.1 人员安全疏散时间

2.5.1 可用安全疏散时间

可用安全疏散时间（ASET）是从着火到火灾对人员造成威胁的时间，这主要是由建筑物的结构以及建筑物布置防灭火设备等因素共同决定的，通常由烟气的辐射热通量、烟气温度和烟气中毒害成分的浓度决定。

2.5.2 必需安全疏散时间

必需安全疏散时间（RSET）是从着火到人员完全安全疏散至安全区域的时间，主要由探测报警时间 T_a、人员预动作时间 T_p 和人员疏散运动时间 T_m 三部分组成。

$$RSET = T_a + T_p + T_m \qquad (2.1)$$

式中　T_a——探测报警时间，s；

　　　T_p——人员预动作时间，s；

　　　T_m——人员疏散运动时间，s。

（一）探测报警时间

探测报警时间指探测到火灾的时间，常利用火灾自动报警系统探测火灾发生，如感烟探测器和感光探测器等。

（二）人员预动作时间

人员预动作时间指从火灾的报警信号发出到人员开始准备疏散这一过程的总时间，通常是根据相关的数据统计结果来选取不同建筑物种类的人员预动作时间。

（三）人员疏散运动时间

人员疏散运动时间指的是人员从刚开始疏散至完全疏散到安全区域的总时间，这一时间主要是受到了建筑物结构的影响作用，通常采用经验公式和人员仿真模型两种方式进行计算。

参考文献

［1］李怀仲，郭群英. 应急疏散及应急逃生［J］. 石油工业技术监督，2010（12）：21-24.

［2］高岩，刘磊，杨建芳. 应急系统中逃生与疏散策略的研究［J］. 上海理工大学学报，2011（4）：321-325.

［3］夏蕊. 地铁火灾烟气流动与人员疏散研究［D］. 淮南：安徽理工大学，2019.

［4］杨雨亭. 基于 PyroSim 和 Pathfinder 的商业综合体火灾与安全疏散模拟仿真研究［D］. 昆明：昆明理工大学，2018.

3 应急逃生与公共安全

3.1 应急逃生与火灾

3.1.1 火灾特点

火灾是指在时间或空间上失去控制的燃烧所造成的灾害。在各种灾害中，火灾是威胁公众安全和社会发展的主要灾害之一。

在火灾过程中，烟雾和毒性气体对人的危害最大，据统计，在建筑火灾中约 75%～85% 的死亡人员是由于烟气致死的。一般高分子材料的热分解及燃烧生成物成分种类繁杂，有时多达百种以上，完全燃烧产物的毒性主要是由数量不多的几种气体产生的，包括 CO、CO_2、HCN、HCl、HBr 等。从火灾中死亡的人员来看，

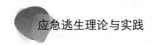

主要就是吸入了 CO 和 HCN 致死。

火灾烟气的危害性主要表现在毒害性、减光性和恐怖性三个方面。

（一）火灾烟气的毒害性

首先，烟气中的含氧量往往低于人们生理正常所需要的数值。对于处在着火房间内的被困人员来说，氧气的短时致死的体积分数为 6%，也就是说当着火房间内气体中的氧气体积分数低于 6% 时，人们将在短时间内因缺氧而窒息死亡，也可能会因失去活动能力和判断力下降而不能逃离火场最终被火烧死。由此可见，在发生火灾时如果被困人员不能及时逃离火场将会导致相当严重的后果。

其次，烟气中含有各种有害气体，而且这些气体超过了人们生理正常所允许的最低浓度，此时被困人员很容易中毒导致死亡。人或动物吸入了游离基，肺部将发生游离基反应，肺部表面迅速扩张而降低肺的吸氧功能，导致缺氧。火灾受害者的游离基反应将持续至少两个星期，甚至有些可达两个月左右。近年来，随着高分子合成材料在建筑、装修以及家具制造中的广泛应用，火灾所生成的毒性气体的危害更加严重。

（二）火灾烟气的减光性

可见光波的波长为 0.38 ~ 0.78 μm，一般火灾烟气中烟粒子粒径为几微米到几十微米，即烟粒子的粒径大于可见光的波长，这些烟粒子对可见光有完全的遮蔽作用。当烟气弥漫时，可见光因受到烟粒子的遮蔽而大大减弱，能见度大大降低，这就是烟气的减光性。同时，烟气中的有些气体对人的肉眼有极大的刺激性，如 HCl、NH_3、HF、SO_2 等使人睁不开眼，从而使人们在疏散过程中的行进速度大大降低。

由于烟气的减光性，在发生火灾时的疏散通道或火场上实际能达到的能见距离将远小于极限视程（极限视程指保证安全疏散的最小能见距离），这就使人们在火灾烟气中的行进速度大大降低。所以，烟气的减光性不仅妨碍迅速疏散活动，增加中毒或烧死的可能性，成为毒害性的帮凶，而且也妨碍正常的扑救活动。

（三）火灾烟气的恐怖性

发生火灾时，特别是发生爆炸时，火焰和烟气冲出门窗孔洞，浓烟滚滚，烈火熊熊，使人们产生了强烈的恐惧感，容易造成疏散过程混乱，使有的人失去活动能力，甚至失去理智，造成人员挤死或踩伤的严重后果。

烟气流动导致火势迅速蔓延。火灾中烟气温度极高，超过一般可燃物的燃点，而其中一氧化碳等可燃性不完全燃烧产物能够继续燃烧，这些气体燃烧产物在对流、辐射等作用下能够引起新的火点，甚至引起火场上可燃物迅速着火而形成轰燃，成为火势发展和蔓延扩大的最重要因素。

3.1.2　火灾危害

据 2013—2016 年《中国消防年鉴》数据统计，我国火灾四项基本数据汇总见表 3.1。我国火灾数量惊人，仍处于火灾高发阶段，平均每天有 4 ~ 6 人因火灾死亡，伤亡人数高于国外水平。

表 3.1　　　　　　2013—2016 年全国火灾统计

年度	总火灾数 / 万起	死亡人数 / 人	受伤人数 / 人	直接财产损失 / 亿元
2016	31.2	1 582	1 065	37.2
2015	34.7	1 899	1 213	43.6
2014	39.5	1 815	1 513	47
2013	38.9	2 113	1 637	48.5

由表可知，火灾产生的危害主要包括：

（一）人员伤亡大

火灾造成的危害一方面体现为对于人身安全的威胁，每年因火灾事故而遇难的人员多达上千人，并且遇难人员中相当一部分是死于火灾所产生的有毒烟气。

（二）经济损失大

火灾会造成惨重的直接财产损失，每年的直接财产损失都会达到数十亿元，并且现代社会各行各业密切联系，牵一发而动全身。一旦发生重大、特大火灾，造成的间接财产损失之大，往往是直接财产损失的数十倍。

（三）对自然环境影响大

火灾产生的气体产物对环境的危害也较大。例如，CO_2 和 SO_2 是引起温室效应的主要气体，对于环境的热平衡有着重要的影响。CO_2 可吸收地面辐射出来的红外光，把能量截留于大气中，从而使大气温度升高，带来全球气候变暖，海平面上升等现象，对整个地球的生态平衡会有巨大的影响。SO_2 形成的酸雨和酸雾对生态环境的影响也相当大。

3.1.3 心理与行为特征分析

（一）心理需求分析

灾难发生时，人不可避免地会出现情绪波动，这些情绪也会对火灾环境下的疏散与逃生造成一定的影响，消极情绪条件下，人员会具有明显延迟的预动作和较长的反应时间。例如，高层建筑由于垂直距离长，人员基数大，建筑内部相对封闭，当火灾发生时，温度急剧升高，极易造成疏散人员的恐慌心理，严重时甚至会有踩踏事件的发生，进而降低疏散效率。实验表明，仅通过楼梯将一栋 50 层楼的人员全部疏散到一楼需用时 2 h，这已经远远超出了我们的预期。火灾时，原本陌生的人员集中在某个场所，人的精神高度紧张，个人的情绪以链式反应相互感染，群体的情感状态被进一步增大加剧，从非理性心理可以相互感染的观点看，聚集的人群更易感染悲观情绪，当某个群体悲观情绪占上风时极易产生混乱局面。

根据大多数事例，可了解到火灾中的受害很大程度上是由于心理恐慌导致的不当逃生行为造成的。在应激状态下，高温浓烟、有毒气体的不断刺激，视觉受阻，大脑缺氧，引起受灾人员的心理及行为反常，导致恐惧与惊慌。火灾规模的大小不同，人们的恐惧程度也是存在不同的情况。

（二）行为特征分析

个体逃生者的行为方式受到火灾环境中大量的不确定风险的影响，有些逃生者能够正确地评估环境风险并且及时调整其逃生行动以获取最大的逃生机会。然而并非所有的逃生者都有这样的能力，被困人员往往会在火场中产生错误的判断从而产生非理智的错误行为，主要可以表现为从众、逆反、向地、恐惧、绝望、侥幸以及冲动等。

在火灾发生时，上述行为会严重降低自我逃生的概率，还会增大救援的困难程度。在极端条件下的受害者往往情绪不稳定，无法有效地利用其正常的认知推理能力。

3.1.4　逃生失败原因分析

（一）火灾中情绪变化

逃生者会在建筑火灾环境下产生极度的焦虑，火灾的蔓延对逃生者产生的情感及心理的影响会很大程度地反映在其逃生行为上。建筑物的特征，如体量、形状、功能及复杂程度等，会影响逃生者对环境的判断及其逃生行为的决策，导致当发生火灾时，现场的消防救援工作难以开展，受灾者在火灾黑暗现场因为慌乱不能准确找到逃生路径，被困人员逃生困难。

（二）烟气的影响

如上面火灾特点所说，火灾烟气具有多种危害，视线受阻也会给疏散人群带来心理上的恐惧，造成疏散效率降低。受灾人员在火场环境的影响下，通常会失去正常的分析判断能力，导致非理性错误行为，而造成这些失误的最主要原因也是火场的烟气与高温。

（三）火灾发生的确定性和突发性

从火灾发展过程看，火灾发展的过程是确定的，即存在由初起到发展及至熄灭的过程规律；另外，由于火灾隐患众多，而且是随时间动态变化的，火灾的发生是很难完全杜绝的，所以火灾有其确定性。火灾具有随机突发性。当发生火灾时，人们很难反应过来，现场出现混乱造成疏散和逃生的失败。由于火灾的突发性，逃生疏散不利，报警不及时，使得人的心理平衡失控，出现一些错误逃生的不理智行为，致使逃生失败。

（四）安全救援和疏散工作困难

若火灾发生在公共聚集场所，该场所聚集了各种人员，而且分区和路线复杂，很多人员完全不熟悉整个场所的逃生路径，疏散难度非常大。一旦发生火灾，整个场所的各个部位都需采取灭火和控制烟雾的措施，导致救援和灭火工作相互交叉产生影响，消防救援人员因火势、烟雾、黑暗、高层、内部复杂环境等因素无法快速、准确定位受灾者，给各方面的工作都带来很大的影响。

（五）缺乏逃生意识

由于我国之前的粗放型经济发展模式，许多建筑固定消防设施和交通道路存在消防安全隐患，加上部分设施年久失修，安全通道堵塞，在火灾现场固定的消防设施起不到作用，一部分群众安全意识淡薄，管理者责任不实、措施不力，人们不懂最基本的防火和逃生自救常识，无法冷静应对火情和理智逃生。

3.2 应急逃生与地震

3.2.1 地震特点

地震灾害一直是阻碍社会经济发展和威胁人类生命财产安全的主要自然灾害之一。地震灾害由于其突发性较强，破坏力大，持续时间短的固有特点，往往造成大量的人员伤亡和经济损失。

地震烈度简称烈度，是地震发生时在波及范围内一定地点地面振动的激烈程度，也可以解释为地震的影响和破坏的程度。烈度直接影响人的感觉强弱，器物反应的程度，房屋的损坏或破坏程度，地面景观的变化情况等。早期的《中国地震烈度表》，虽然是用定性的判据来制定的，但是根据主观性的描述能很直观地了解到地震的破坏作用同地震烈度值大小的关系。从表中可以清晰地看到，从Ⅵ度开始，地震开始对建筑物造成损坏，随着烈度的提高，最甚者达到Ⅺ度——建筑物的毁灭，见表3.2。

表 3.2 中国地震烈度

烈度	人的感觉	一般房屋	其他现象
Ⅰ	无感	/	/
Ⅱ	室内个别静止中人有感觉	/	/

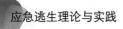

续表

烈度	人的感觉	一般房屋	其他现象
Ⅲ	室内少数静止中人有感觉	门、窗轻微作响	悬挂物微动
Ⅳ	室内多数人、室外少数人有感觉，少数人睡梦中惊醒	门窗作响	悬挂物明显摆动，器皿作响
Ⅴ	室内绝大多数、室外多数人感觉，多数人睡梦中惊醒	门窗、屋顶、屋架颤动作响，灰土掉落，抹灰出现微细裂缝	不稳定器皿翻倒
Ⅵ	惊慌失措，仓皇逃出	损坏——个别砖瓦掉落、墙体微细裂缝	河岸和松软土地上出现裂缝，饱和砂层出现喷砂冒水，个别独立砖烟囱轻度裂缝
Ⅶ	大多数人仓皇逃出	轻度破坏——局部破坏、开裂，但不妨碍使用	河岸出现坍方，饱和砂层常见喷砂冒水，松软土地上裂缝较多，大多数砖烟囱中等破坏
Ⅷ	摇晃颠簸，行走困难	中等破坏——结构受损，需要修理	干硬土地上有裂缝，大多数砖烟囱严重破坏
Ⅸ	坐立不稳，行动的人可能摔跤	严重破坏——墙体龟裂，局部倒塌，修复困难	干硬土地上有许多地方出现裂缝，基岩上可能出现裂缝，滑坡、坍方常见，砖烟囱出现倒塌
Ⅹ	骑自行车的人会摔倒，处不稳状态的人会摔离原地，有抛起感	倒塌——大部分倒塌，不堪修复	山崩和地震断裂出现，基岩上的拱桥破坏，大多数烟囱从根部破坏或倒毁

烈度	人的感觉	一般房屋	其他现象
XI	/	毁灭	地震断裂延续很长，山崩，基岩上的拱桥毁坏
XII	/	/	地面剧烈变化，山河改观

3.2.2 地震危害

我国的基本国情是，不少强震区人口密集，建筑物抗震能力差，承受地震能力差等，这些是我国抗震减灾工作的"硬伤"。

近年来，世界范围内大型地震发生频繁，土耳其、阿尔及利亚、印度尼西亚苏门答腊岛、巴控克什米尔地区、海地、智到以及中国四川省、甘肃省等均发生过较严重的地震，有些损失巨大，甚至完全毁掉了当地的经济和生活，使得当地的社会发展倒退几年乃至十几年。2009 年海地地震是自 1770 年以来全球最严重的大地震，使这个西半球最贫穷的国家遭受到了前所未有的打击，据国际红十字会初步估计，此次大地震将为海地带来多达 300 万难民，在地震第 15 天后遇难人数达到 11.3 万人，受伤 19.6 万人；2008 年 "5·12" 汶川 8.0 级特大地震释放的能量相当于 400 颗广岛原子弹，倒塌房屋 536.25 万间，造成了 69 196 人遇难，18 379 人失踪，直接经济损失超过 1 900 亿元。

地震给人类带来的危害是多方面的。地震给人造成的危害不仅仅是身体上和经济上的，同时也有心理上的，地震所带来的心理恐惧以及失去亲人的痛苦往往会长时间伴随着幸存者。强烈的地震不仅会造成建筑物损毁、倒塌等直接灾害，大多数时间还会相伴或随后发生破坏力不亚于地震本身的次生灾害。例如，因建筑物、工程设施倒塌而引起的火灾、水灾、燃气和有毒气体泄漏、细菌和放射性物质扩散等对生命财产安全造成严重威胁。由地震诱发的大量山体滑坡、不稳定斜坡、泥石流、岩石崩塌、危岩、堰塞湖等不良地质体等，也是较常见的次生灾害危险。

3.2.3　心理与行为特征分析

（一）心理分析

当地震突然降临，人被困在环境空间时，消极情绪极为强烈。同时，地震灾害往往会造成电力输送以及通信信号中断，受灾群众与外界失去联系，长时间的等待以及危险的环境使人逐渐产生了孤独和绝望的心理。

在这种特殊情况下，情感的心理支撑往往比其他的物质产品更为珍贵，有许多被困在恶劣的环境中的人或采取极端行为或没等到救助就已经支撑不下去了，地震导致恐慌在情感上表现出惊恐、悲伤、焦虑、沮丧、无助、孤独、持续担忧，不能把思想集中到逃生行动上。

（二）行为特征分析

通过对近年来地震的总结和分析，在地震发生时，大部分的人都迷茫了几秒钟，然后从开始的惊异，迅速变为惊慌失措和紧张，楼房墙面断裂和倒塌，不论是室内还是室外都很难掌握平衡；室内住在低楼层的人盲目地向楼下跑，甚至有人从阳台直接跳下，之后余震不断，人们惊慌失措，场面极其混乱。

针对地震过程，我们对人的行为过程进行了如下分析。

1. 避险行为

地震过程当中人的第一反应是本能的求生，求生的途径有两个：一是应急逃生，迅速离开可能坍塌的房屋，这种方式对于逃生最有效，但是受时间和烈度制约，大型地震很难让人按照平时的速度逃跑，而且周边的环境对人逃生的影响也较大；二是就地躲避，某些情况下，地震的烈度很大，人站立不稳很容易摔倒，还有碎玻璃、屋顶上的砖瓦、广告牌等下落容易对人体造成损伤，所以先躲在桌子等坚固家具、墙脚形成的"安全三角地带"，采取"伏而待定"的原则，等到情势稳定一点再迅速逃生。

2．救助行为

世界上许多地震多发国，比如日本、智利、新西兰等对个人应急反应的教育和培训都很完善。自救是地震发生时和发生后最有效的救援方式，不仅能提高自己的存活率，而且能够帮助别人，方便救援队进行高效救援和有效安置，意义非常重大。个人救援的种类叙述如下：

（1）有效逃生：包括熟悉应急通道的位置和路线，走楼梯而不乘电梯；保护自己的要害部位，用湿毛巾捂住口鼻；良好有序不要混乱；互相帮助扶持等。

（2）有效躲避：包括躲避到"安全三角"，避开危险不稳定的悬挂物；躲避前要对之后的逃生有所预测，准备必要的应急包；躲避地点的选择，如建筑物的支撑结构柱、厕所等狭小区域，在室外要避开高大建筑物，要握紧身边的牢固物品等。

3.2.4　逃生失败原因分析

（一）人们自救意识和能力不高

日本国民的防灾意识之强是众所周知的，其原因是日本为地震灾害多发国，地震频发，人们经历得也多。出于自我保护和防范，这种初步的防灾意识自然就加强了，当然这还和长期深入的防灾教育息息相关。相对来说，"5·12"汶川大地震发生时我国居民的自救意识和能力不高，我们付出了惨痛的代价，住宅区内逃生的人员相对较少，大部分居民不知道出入口的门是否长期开启，哪条逃生通路是最安全、能在最短时间内到达的，从而丧失最佳逃脱时机。

（二）逃生方法选择不正确

地震逃生是地震、环境、逃生人员三者相互作用的结果，相应的灾害有主结构破坏、次结构破坏、非结构物破坏、次生灾害等，不仅涉及房屋结构等客观事物，而且涉及人的行为、结构从破坏到倒塌等高度不确定对象和过程，其难度非常大。不同的逃生方法可导致60%以上的死亡率差异，确定地震逃生方法不可不慎重。

（三）震后救援不及时

震后短时期内，外来救援力量对灾区人员伤亡一无所知，给应急救灾和医疗救助工作带来诸多困难。因此，能否快速并准确地确定震中位置及其影响范围和破坏程度，并对其可能造成的人员伤亡数量进行预测，有助于制定有效的救援和减灾对策，对迅速实施地震医疗救援和抢救伤员有着至关重要的作用。

（四）地震震级大

总的来说，地震造成的平均死亡人数随震级的增大而增多，人员伤亡比则随震级增大呈下降规律。当震级大于6级时造成上千人死亡的震例明显增多，震级为7.0~7.9的震例有21例发生数万人死亡，其中死亡人数大于5万的震例有7例。这也是造成死亡人数总数最多的震级段。震级大于8级的破坏性地震造成的平均死亡人数又增长数倍。地震级数越大死亡的人数越多，人们及时逃生的可能性越低。

（五）次生灾害

1 840 个震例中，有 468 个震例记录有次生灾害发生。从各种次生灾害（海啸、滑坡和泥石流等）造成的伤亡人数数据看，伤亡几乎主要由次生灾害造成的地震次数有上百次，其中，2001 年 1 月 13 日萨尔瓦多 7.7 级地震、2002 年 3 月 3 日兴都库什地区 7.3 级地震引发的大规模滑坡和泥石流都造成了数百人死亡，次生灾害的发生导致逃生的困难，降低存活的可能性。

3.3　应急逃生与洪水

3.3.1　洪水特点

纵观历史，我国暴雨发生频率颇高，除陕西、甘肃、青海、宁夏、新疆外，其他各地区均发生过暴雨所导致的洪涝灾害。在每年的 4—6 月是台风活跃的季节，我国东南沿海各地经常会受到台风袭击，发生暴雨，这一阶段发生洪水的概率十分大。我国洪涝灾害有以下显著特点：

（一）暴雨分布不均

暴雨主要发生在春季、夏季和秋季，降雨量以夏汛为主。在这段时间内，随着时间的推移，根据副热带高压气流的运动方向，暴雨中心按华南地区→江淮流域→华北地区→东北地区→汉江地区（由南向北再回归南）这个规律移动。1.8 万 km 的长海岸线容易受到台风侵袭，也是造成暴雨在沿海城市集中，降雨分布不均的一个因素。

（二）洪峰极高、洪量巨大

我国河流流域无论是干流还是支流都容易出现突发性洪水。我国河流流域面积大，干流长，支流多，水系丰富，容易促成连续的多场洪水叠加。东南沿海地区地势较低，空气温暖湿润；西北以高原为主，地势较高，空气寒冷干燥。独特的地形特点造成暖湿气流与冷空气交锋频发，加之地势差距过大，植被稀少，土壤含水能力差，造成产汇流迅速，且洪水峰值极大。

（三）特大洪水时间、空间上的重复性

大量研究表明，我国几大流域发生的特大洪水在时间和空间上均具有重复性。从时间维度看，纵观我国洪水历史，经常是一段时期特大洪水频发，暴雨洪灾连续几年出现，一段时间又呈现低迷状态，反反复复；从空间跨度看，凡是历史上发生过较大洪水的地区，近段时间也洪灾频发，现实和历史总是有着惊人的相似，具有重复性。

3.3.2　洪水危害

洪水灾害是指由于堤坝溃决、风暴潮等原因引起的江河湖泊以及水量增加、水位上涨而泛滥所造成的灾害，是我国发生最为频繁的自然灾害。由于特殊的自然地理条件、气候等的原因，中国大地上的主要流域自古以来就受到洪水灾害的严重威胁。洪水灾害发生频繁，从有明确洪水灾害历史记录的公元 206 年到新中国成立的 1949 年，我国发生一次大洪灾的平均周期仅为两年，且我国洪水灾害规模大、范围广，当前我国有 1/2 的人口、1/3 的耕地受到洪水的威胁，这些区域的 GDP 占到全国的 2/3。

具体而言，我国洪水灾害规模大、范围广，从 1911 年到 1938 年，在长江流域的安徽、江苏、湖南、江西、湖北五省共发生三次特大洪水灾害，影响超过 1 亿人，造成超过 444 万人死亡；黄河流域因为花园口炸堤发生的洪水灾害影响了 1 250 万人，死亡 89 万人。新中国成立之后，全国洪水灾害致死 26.3 万人，平均每年损失数百亿元。大洪水灾害的范围从黄河、长江、淮河流域扩张到了全国各个主要流域：1981 年四川洪涝灾害有 1 600 万人受灾，死亡 888 人，损失 40 亿元；1998 年的世纪洪水则席卷了长江流域、淮河流域、嫩江松花江流域以及广东省在内的诸多国土，造成 1.8 亿人受灾，死亡 4 150 人，经济损失更是不可估量。

3.3.3　心理分析

自然灾害或人为事故的发生多具有突发性、多变性的特点，尤其是地质型灾害以及重大人为灾害，都是瞬间爆发并威胁着人的生命。突如其来的灾害威胁使人难以承受，并引发心理的恐惧恐慌。过度的恐慌心理会造成人的认知能力狭窄、反应迟钝、行动受阻，甚至会导致人的异常行为。近年来突发灾害时或采取极端行动或拒绝逃生的实例，都是因为极度恐慌造成的。相反，遇到灾害相对冷静的心理则在一定程度上可以降低人的恐慌，进而有助于提高人的认知力并采取有效的避难逃生行为，减少灾害对人的伤害。

3.3.4　逃生失败原因分析

（一）水流快且急，破坏力大

洪水是一种自然现象，作为一种自然界的力量，目前洪水灾害仍是世界上最主要的自然灾害之一，防治洪水灾害是世界各国普遍关注的问题。我国是受洪水灾害最严重的国家之一，洪水出现频率高，波及范围广，来势凶猛，破坏性强，对人民群众的生命和财产构成巨大的威胁。

（二）突发性强，预报预警难

洪水预报是基于洪水产生和发展的规律，利用水文气象基本信息，对未来一段时间洪水洪峰流量、洪量、峰现时间、洪水过程线的预测。从古至今，人们通过不断地对洪水进行观察，逐渐认识洪水发展规律，对洪水预报方法进行了一系列研究。由于监测站点的不足，许多流域没有连续的实测降雨径流资料，甚至没有任何资料，洪水预报难以进行并且不能保证预报的精准度。

3.4 应急逃生与公共卫生

3.4.1 突发公共卫生事件特点

自 20 世纪 70 年代开始，伴随着社会和经济快速的发展，以及社会环境的复杂变化，各类突发事件频繁发生，由于突发事件具有威胁性、不可控性、多样性等特点，给各个国家带来了巨大损失和风险。从 2003 年的"非典"，2009 年的甲型 H1N1 流感、2012 年的手足口病、2013 年的人感染 H7N9 禽流感，再到 2014 年的 MERS 寨卡病毒、2019 年的埃博拉疫情等突发公共卫生事件在全球屡屡发生。特别是 2020 年新冠肺炎疫情在全球范围内爆发，这次新冠肺炎疫情是新中国成立以来，传播速度最快、感染范围最广、防控难度最大的重大突发公共卫生事件，给国家安全和人民生命健康造成严重威胁。突发公共卫生事件的发生往往预兆不明显甚至毫无预兆，但由于事件波及人数多，影响范围广，不仅损害了人民的生命健康，而且严重阻碍了经济的发展和社会的稳定。

突发公共卫生事件具有以下几个特点：一是突发性，突发公共卫生事件往往紧急发生，难以预料，导致难以对医疗资源、储备物资等进行充分准备；二是复杂性，突发公共卫生事件往往需要生物、医疗、科技等方面的技术共同应对；三是多样性，导致此类事件的原因有很多，例如，生物因素、自然灾害、食品药品安全问题和事故灾难等；四是群体性，由于突发公共卫生事件一般不针对特定群体，又由于其影响范围较大，所带来的健康问题往往波及广泛的社会群体；五是综合性，突发公共卫生事件应急管理需要多部门、各领域、跨地区甚至跨国别的配合协作。

3.4.2 突发公共卫生事件危害

社会环境的不断变化和经济的高速发展，一方面让我们的生活越来越好，另一方面也造成突发公共卫生事件的不断发生。突发公共卫生事件的发生，给人类社会造成的影响和威胁是巨大而又深远的。

各种类型的突发公共卫生事件也给人类社会造成了巨大的财产损失，同时也威胁到了社会的进步和世界的发展。可以说，这些事件的产生无时无刻不在提醒着我们去努力完善整个社会对于突发公共卫生事件的处置方式和方法。全球范围内突发公共卫生事件的发生，给我们的日常生活和整个社会的政治经济发展都带来了巨大的影响。1998 年在山西朔州发生的甲醇勾兑白酒事件，造成 30 人死亡，上百人中毒；2002 年南京发生的毒鼠强中毒事件，造成 42 人死亡，300 多人中毒。城市规模的扩大，城镇居民数量的不断增长，导致了在城市中如果发生大规模的突发公共卫生事件，不仅仅会威胁到每个人的生命健康，也会让大家的内心产生恐惧感，从而对整个社会的经济、政治、文化发展带来重大的影响。

3.4.3 心理分析

突发公共卫生事件发生导致一些人自信心不足，在经验、心理承受以及抗击打等方面十分脆弱的人陷入绝境。例如，2020 年的新冠肺炎疫情，心态消极、心理压力大，会使人们陷入恐慌，对病情产生绝望心态，对自己就不抱希望，会在一定程度上影响自身的康复。突发公共卫生事件结束后，虽然一些疫情或疾病被治愈，但是事件本身所带来的社会心理危机亟须社会各界警惕和重视。一些由于疫情造成的心理创伤以及部分人积压的负面情绪，如果不能及时得到疏解，容易引发群体性事件和衍生危害。

3.4.4 逃生失败原因分析

（一）人员密集

公共卫生突发事件具有一般突发事件所具有的特征，通常在没有任何防范的情况下突然发生。有的会突然停止，有的会快速扩散。对于高职院校以及公共聚集场所来说，其人员非常密集，一旦发生任何公共卫生事件，人们没有任何反应时间。同时，由于人员密集度较高，传染速度非常快，危险性系数较高。

（二）防范意识较差

在公共卫生事件刚刚发生时，人们的防护意识非常薄弱，认为跟自己没有什么关系。但是，一旦公共卫生事件进入爆发增长期，人们会快速意识到跟自己的关系，并且产生较强的恐慌心理。

（三）部门协调不顺畅

实际工作中，突发公共卫生事件的应急管理很多时候需要来自各方力量共同参与合作，这就容易造成相关管理部门政出多门、权责不清、管理分散等一系列行政管理弊端。现有的信息通报共享制度并不能有效解决误报、漏报、瞒报等问题，加之受制度执行不力、信息研判等机制落实不到位等因素影响，不利于各部门配合处置突发公共卫生事件，影响应急处置结果。

（四）预案可操作性不强

一是预案编写存在上下"一般粗"的现象，存在下级部门原样照搬照抄上级预案的情况。二是预案修订不及时，一般预案应3年左右修订更新一次，但是实际工作中，一些突发公共卫生事件高发单位，多年不做修订，导致实际处置过程中预案已经不能起到有效指导作用。三是专业性指导措施不足，公共卫生事件的处置与其他突发事故不同，应对过程中需要大量专业性措施，普通应急预案中没有明确将技术手段和措施纳入在内，容易导致出现处置过程中措施、步骤不规范等问题。

（五）物资储备差，财政投入不足

资金投入不高，在突发公共卫生事件发生时缺少物资储备，相关物资储备能力直接影响到应急处置工作效果。因此，建立科学、完善、有效的物资储备机制，制定高效运转的物资流转、使用制度是物资能否发挥救助效果的关键。

3.5 应急逃生与恐怖袭击

3.5.1 恐怖袭击特点

恐怖主义是指通过暴力、破坏、恐吓等手段，制造社会恐慌、危害公共安全、侵犯人身财产，或者胁迫国家机关、国际组织，以实现其政治、意识形态等目的的主张和行为，其实施主体为非政府组织，具有突发性强、破坏程度大、手段极端暴力、防范难度高等特点。由于恐怖袭击手段的不断演变，20世纪末发生的恐怖袭击事件无论从动机还是手段等各个方面都与当下袭击差异较大。

对全球恐怖主义数据库（GTD）中近 10 年内全球范围发生的 101 464 起以及我国发生的 141 起恐怖袭击事件案例进行收集整理。目前全球范围恐怖袭击以爆炸袭击和持械伤人为主，劫持人质和针对设施发动的袭击也占有一定比重，其余手段比例较小，袭击发生的可能性较低。我国历史恐怖袭击事件与全球规律基本吻合，多发袭击方式同样为爆炸袭击或持械伤人，差别在于全球范围内以枪支作为工具发动的持械伤人袭击较多，而我国对于枪支管控严格、禁止私人持有，持械伤人恐怖主义事件多表现为使用刀斧进行砍杀。因此，从国家面临的恐怖主义风险角度来说，应重点防范爆炸式袭击、刀斧砍杀袭击，对于针对设施发动的袭击以及抢劫等袭击形式也应保持高度警惕。

3.5.2　恐怖袭击危害

近年来随着全球一体化进程不断深入推进，恐怖袭击也逐步蔓延至全球各个国家和地区并且呈现出快速增长趋势，对于国际政治经济和社会繁荣稳定持续造成负面影响。

我国目前面临的恐怖主义威胁主要有暴力恐怖势力、民族分裂势力、宗教极端势力等，防范恐怖主义形势日益严峻。20 世纪 70 年代，我国就曾发生过恐怖袭击事件，近年来恐怖主义有所抬头，一些恐怖势力为了达到分裂的目的在我国境内制造了大量恐怖活动，严重威胁国家安全与社会稳定，如 2013 年"冲撞天安门金水桥事件"、2014 年"昆明火车站暴力恐怖案件"等事件均造成了恶劣的社会影响和破坏性后果。

分析所用数据来源于全球恐怖主义数据库（GTD）内近 10 年来我国发生的恐怖袭击事件，行属性为爆炸袭击、刀斧砍杀等袭击手段，列属性为死亡人数等级。该等级划分依据为《生产安全事故报告与调查处理条例》，通过关联分析建立行与列即袭击手段和死亡人数之间的联系，见表3.3。

表3.3   我国恐怖袭击死亡人数等级统计

袭击手段	不同死亡人数等级恐怖袭击数量／起				
	低级 1～2人	次低级 3～9人	中级 10～29人	高级 ≥30人	合计
爆炸袭击	8	9	24	26	67
刀斧砍杀	7	8	18	11	44
纵火焚烧	2	5	8	1	16
生化武器	1	3	0	0	4
汽车冲撞	5	3	0	0	8
合计	23	28	50	38	139

当今世界，恐怖袭击频繁发生，给全世界人民造成大量的人员伤亡和财产损失，严重威胁着世界的公共安全。

3.5.3 心理分析

恐怖袭击的突然性和恐怖性，易造成恐慌心理，恐怖分子的残暴使人产生恐惧和惊慌，很难冷静下来进行应急逃生。恐怖活动事件的发生，使我国人民群众的人身安全受到巨大威胁，个人财产遭受损失，对群众心理造成伤害。

3.5.4 逃生失败原因分析

（一）危害性大

恐怖分子使用危险物品制造伤害，危险物品包括枪支弹药、管制器具、爆炸物品、剧毒化学品和放射性物品等；恐怖袭击主要包括爆炸性袭击、纵火性袭击、刀斧砍杀等袭击手段，具有危害性和破坏性大、易造成社会恐慌及其他连锁反应等特点，其防范难度大，突发性强，所造成的危害性也比较大。

（二）人群疏散困难

恐怖袭击发生突然且易造成恐慌。以客运站为例，客运站人流量大，恐怖袭击的发生导致疏散困难，人群找不到安全疏散出口疏散，产生紧张情绪，在疏散过程中，因发生拥挤踩踏，可能会造成大量的人员伤亡。

（三）反恐情报不及时

对恐怖主义和恐怖组织监控不及时，源头无法制止，公安机关要增强反恐情报预警的基础建设，及时更新反恐情报数据库；要切实提高反恐情报的获取能力，加强对新技术的研发与运用；要完善反恐情报的交流共享机制，打破情报共享壁垒，真正实现反恐情报预警工作常态化。

（四）恐怖袭击的突然性

恐怖袭击在全球呈现出蔓延的趋势，发生很突然，因此，无论身在何地我们都需要时刻警惕恐怖袭击的发生。在恐怖袭击发生前，我们需要警惕身边的可疑人员、可疑工具，遇见可疑情形要及时向公安机关举报，共同将恐怖袭击扼杀在萌芽状态。

参考文献

［1］王梁波．从某特大火灾分析有毒烟气对人体的危害及预防
　　　［J］．中国公共安全（学术版），2007，03（01）：64-65．

［2］谢达杨．公共娱乐场所火灾人员安全疏散及对策措施研究
　　　［D］．广州：华南理工大学，2018．

［3］徐梦一．建筑学视角下我国城市（城镇）集合住宅地震防灾
　　　对策之研究［D］．成都：西南交通大学，2011．

［4］何辰．面向突发性灾难的应急产品系统化研究［D］．天津：
　　　天津科技大学，2013．

［5］周阳．软件复用技术在洪水预报系统上的应用研究［D］．大
　　　连：大连理工大学，2014．

［6］毛德华，何梓霖．洪灾风险分析的国内外研究现状与展望
　　　（Ⅰ）：洪水为害风险分析研究现状［J］．自然灾害学报，
　　　2009（1）：139-149．

［7］陈健，王烨菁，冯婧颉．上海市黄浦区中小学校教师突发公
　　　共卫生事件应对能力调查［J］．上海预防医学，2017（8）：
　　　633-637．

［8］戴启雪．广州市突发公共卫生事件应急处置机制及其优化研
　　　究［D］．西宁：青海师范大学，2019．

［9］王诚聪，刘亚静，刘明月．全球恐怖袭击事件时空演变与态势分析［J］．地球信息科学学报，2019（11）：92-100.

［10］刘云虹．基于恐怖活动特征分析的反恐情报预警模式构建［D］．北京：中国人民公安大学，2019.

4 应急逃生研究现状

近年来，大量的自然灾害、事故灾难、公共安全突发事件以及日益增多的恐怖袭击给社会造成了巨大的损失。随着经济社会的持续发展和全球化进程的加快，人们在物质文化水平得到极大提高的同时，也逐渐认识到了安全的重要性，安全已成为"社会发展与人的幸福的首要价值性标尺"。安全问题已经受到各个国家的普遍重视，而在各类灾害中如何保证人员的安全逃生是迫切需要解决的问题，基于此，国内外的学者们对火灾、地震、洪水、公共卫生事件和恐怖袭击事件中的应急逃生进行了大量的研究。

4.1 火灾应急逃生研究现状

当火灾发生时，逃生人员的行为会受到火场的影响，从而干扰逃生路线的选择，而火灾环境下逃生路线的选择决定着人们的生命安全。尤其是当前的建筑物承载着大量功能，结构复杂，人员密集，一旦发生火灾事故，在人员进行逃生时极有可能会出现拥堵现象，预先设计的疏散路线也将无法起到预计的作用。因此，研究火灾中人员疏散行为及心理、火灾逃生路线和火灾疏散系统对于火灾应急逃生具有重要的意义。

4.1.1　火灾中人员疏散行为

研究人在火灾中的行为，对应急逃生管理与教育具有重要意义，不仅如此，火灾中人的行为特点还是进行建筑性能化防火设计和安全疏散设计的一个重要依据，只有从人的行为特点出发，才能更加合理地进行防火和疏散路线的设计，从而更好地保卫人的生命安全，提高人员逃生的可能性。

1909 年，美国哈德孙机场大楼统计了行人的运动速度，是对火灾中人员行为最早的研究。1927 年，美国消防协会（NFPA）根据自 1917 年以来进行的人员疏散研究出版了第一版《建筑出口规范》。1956 年美国阿伦德尔公园发生火灾，Bryan 使用调查访问方法发现了人员疏散过程中存在"为寻找家庭成员而重新进入火场"的行为，这是一个典型的对疏散具有较大影响的人员行为。20 世纪 70 年代中期，由于火灾发生时的人员疏散存在严重问题，国外的学者们进行了更多人员行为的研究，他们把研究重点放在火灾中人们的行动上面，通过对人群进行采访，发现了人群存在恐慌等行为。20 世纪 80 年代开始，由于计算机的发展和普及，建模和火灾模拟被应用到了疏散研究上，多种疏散模型被提出（各种疏散模型见第六章）。1989 年，通过学习日本人在火灾中的行为研究，《消防科技》杂志创办者李椿年本着指导国内其他研究者对人在火灾中的行为研究的目的，著书并详细介绍了人在火灾中可能发生的行为及其研究方法。1994 年，李引擎通过分析某高层住宅火灾，发现很多人员在起火后 10 min 才开始疏散，并提出了相应的安全建议。1996 年，王旭等给出了火灾状态下人的行为流程，分析了几种典型的人员行为，强调了安全疏散预案的重要性。1997 年，陈全等将建筑物分为 8 种空间因素，开发了火灾人员疏散行动仿真软件。2001 年，张培红等提出疏散人员的心理因素对疏散行为的影响，如疏散开始时间的统计分析以及疏散行动的随机性和不确定性的研究。2005 年，崔喜红等基于元胞自动机，建立了能仿真人员从众行为的疏散模型。2006 年，田玉敏在综合分析国内外人员疏散模型和模拟软件发展现状的基础上，研究了人员在火灾中的行为理论、计算机模型、模拟原理。2007 年，赵道亮给出了疏散人员心理和行为的研究方法，并将亲友在疏散时先汇合再行动的行为考虑在内，对建筑疏散设计进行了优化。2010 年，刘少博通过实验、数据统计等手段研究了人在视野受限时沿墙移动的行为，还考虑了信息传递现象。2013 年，Batty 等人经过研究发现在火灾情况下，人的疏散行为一般为选择自己熟悉的安全出口进行疏散，人员在疏散时，如果在路线的长度相当的情况下，选择自己熟悉的路线的概率较大，约为选择任意疏散路线人数的两倍。2019 年，程盼松通过模拟人员疏散情况，分析羊群效应对人员疏散的影响作用，结果认为羊群效应对于会议室火灾现场疏散的影响是消极作用远远大于积极作用，应当尽力避免羊群效应的发生。2020 年，王建国等对地铁发生火灾时乘客的群体恐慌进行了研究，发现地铁发生火灾时应激环境刺激和火灾事故严重程度是导致乘客非适应性疏散行为的主要因素，群体趋同效应和火灾信息识别能力对非适应性疏散行为也有一定的影响。

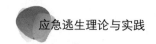

4.1.2 火灾逃生路径

由于矿井空间较为狭小，人员视线和活动受很大影响，一旦发生火灾，人员躲避或逃生更加困难，如何在矿井火灾中快速、准确地确定火灾逃生路径尤为重要，因此，近几十年来，众多学者对火灾逃生路径的研究主要针对矿井火灾。

1980 年，Kozielski 建立了包含每个潜在火灾地点的数据库，提出一种可用于矿井火灾逃生的计算机系统。该系统根据数据库中实时更新的数据来确定火灾逃生路径，使井下逃生人员能够迅速地选择逃生路径。但是该系统只能在灾害发生前提供可能的逃生路径，而不是在灾害发生后根据井下的情况确定逃生路径，因此不具有实时性且准确性不强。

1994 年，王德明等结合一个大型实际生产矿井，提出了依据灾情变化确定避灾路线可通行性的方法，对影响井巷通行难易度的因素进行了分析并建立了相应的计算模型，提出了以 K 最短路基本定理为基础求解 K 条最佳避灾路线的简便新算法，能帮助救灾人员在火灾环境下判断救灾路线。

1999 年，李舒伶等从图论的角度出发，研究从污染图到安全图的避灾路线，并运用计算机技术针对"晓明矿"实施其确定的避灾路线方法。同年，刘真祥以人员穿过高温允许的通行时间和人在高温环境中的最大耐受时间作为判断巷道可通行性的依据，建立了基于火灾期间循环迭代算法的逃生路径解算模型。

2001 年，李兴东在前人研究火灾最佳避灾路线的基础上，考虑了监测人员在灾变时期心理紧张，将求解最佳避灾路线与通风系统图形紧密结合，能及时用图形显示结果，使监测人员操作更方便。同年，刘惠德等将 GIS（地理信息系统）运用于矿井通风网络分析模块，将实际矿井巷道的各种参数输入基于 GIS 矿井通风网络的数据库中，通过对通风网络的路径分析、节点环路分析、风向分析等，可以迅速、准确地确定人员的最佳撤离路线和救灾方案。

Dijkstra（迪杰斯特拉）算法是典型的单源最短路径算法，用于计算一个节点到其他所有节点的最短路径。2005 年，孙殿阁等对 Dijkstra 算法进行了改进，实现了改进 Dijkstra 算法在选择矿井逃生路径上的应用和完善。2008 年，高蕊等以井下人员在不同巷道中通行时间和温度的关系作为判断巷道通行依据并结合地理信息系统控件 Dijkstra 算法改进求解其构建的最佳救灾路线数学模型，实现了可视化和救灾路线的动态搜索。2015 年，赵作鹏基于 Dijkstra 算法研究了矿井火灾期间的避灾路线，并结合矿井实例运用 MATLAB 对比了"K 则最优路径求解模型"和 Dijkstra 算法的仿真结果，证明了改进算法的优势。2018 年，童兴等基于 Dijkstra 算法研究了针对矿井不同灾变时的可行避灾路线，让人员有更大的空间选择避灾路线。

2006 年，付恩俊等对井下火灾时期的避灾路线选择进行了论述，主要包括路线选择的基本原则，选择路线的方法，路线计算的功能和结构。

2008 年，贾进章等建立了以火灾发展稳定阶段时期中巷道内污染范围和污染范围内的最高温度来确定避灾路线的数学模型。

2010 年，陈宁在判定有烟巷道和无烟巷道方法的基础上提出了矿井火灾最优路径的求解思路，以当量长度作为寻找避灾路径的尺度。

2011 年，刘军等将灾期温度分布作为避灾路线的选择条件并基于最短路径算法设计了 B/S 多层结构的矿井火灾避灾决策支持系统。同年，齐二伟以 VR（虚拟现实）技术研究矿井火灾逃生路径，在研究各项路径算法的基础上开发实现逃生路径模拟系统，并使其三维可视化。

2013 年，倪燕以当量长度和健康损失度为目标进行最优路径决策，构建出最优路径规划模型，并以实际矿井为模型对其系统进行了应用研究。

2014 年，汪金花等以巷道安全指标和通行效率作为影响因子构建 UPOPModel 数学模型并将其通过 GIS 算法实现便于不同位置的用户选择最合适的避险路径。

2014 年，陈孝国基于 Vague 理论决策模型分析了火灾期间人员避灾路线的选择，并在改进的计分函数和专家评价信息的基础上进行决策，提高了决策结果的可靠性。

2015 年，张改丽将无线通信技术和井下避灾路径结合在一起研究，根据井下受灾人员位置、灾害地点和安全出口确定避灾路线，并提出了基于 TOP-N 的紧急避灾路线寻优方法。

2017 年，赵海军以影响逃生的 6 个因素建立当量长度权值计算模型，在改进差分进化算法对逃生路径加以优化，得出最优路径和次优路径。同年，刘笑笑等将通风网络解算模型、烟气蔓延参数模型和人员逃生路径结合在一起构建出人员逃生三维仿真模型架构，并利用 C 语言和 ActiViz.NET 三维图形库以某矿为例对其模型进行验证得到了理想、可行和紧急三种不同的逃生路线。

2018 年，田水承利用蚁群算法和 MATLAB 模拟了矿井逃生路径，结果表明，路径优化程度和模拟人数数目之间存在正相关关系。

2019 年，姜媛媛等提出了多元信息评估的矿井逃生优化路径模型，引入环境安全因子和巷道网络连通度作为约束条件选择最佳路径，并以案例说明了其优选路径的有效性；赵云龙研究了矿井机电硐室发生火灾后的人员逃生路径，利用 C++ 语言开发出人员避灾决策系统，并利用该系统计算矿井工作面发生火灾后人员的避灾逃生路径；左阳基于 Dijkstra 算法和当量长度利用 C++ 语言编程开发出矿井避灾路线决策软件，实现了智能化探索避灾路线。

4.1.3 火灾疏散系统

由于现代建筑的高层化、大型化、多功能化及复杂化，传统的疏散系统已经无法满足疏散的需要。基于此，许多学者对传统的疏散指示系统进行了改进和创新，使得疏散系统更加智能化。

2007 年，施荣富等提出集中控制型消防应急照明疏散系统。该系统与火灾自动报警系统进行联动，对探测到的火灾发生位置进行识别及分析，通过调整疏散指示标志灯，提供远离起火点的最佳疏散路线。

2010 年，Enrique 等建立了一个实验性的移动 AR（增强现实）系统 AVANTI。该系统利用 Wi-Fi 室内定位技术和加速度计传感器来预测速度和位置。利用这些技术，AVANTI 可以进行消防疏散的计算机辅助演习，降低成本并提高用户的积极性。该系统通过使用增强现实界面，可以丰富用户对环境的感知，提供更逼真的模拟，使得训练过程的质量大大提高。

2013 年，薛林首次构建了适合我国国情的高层建筑火灾情况下人员疏散逃生的电梯疏散动态预警支持系统，提出了高层建筑火灾情况下人员疏散（尤其是弱势群体疏散逃生）的相关理论。

2019 年，张振伟基于该理论构建了电梯疏散预警支持系统解决方案，通过示范实例试验系统的具体功能，为之后电梯疏散动态预警支持系统在高层建筑中的应用提供了实践基础。

2017 年，张芸栗等建立了基于路径优化的智能疏散指示系统，实现智能疏散指示信息动态、即时的调整，将以往传统的就近固定方向疏散的理念，提升为远离火灾源的主动疏散理念，使疏散指示实现了性能化、智能化和联动控制，与传统疏散指示系统相比，具有较高的技术优势和实用价值。

2018 年，马建明提出了一种基于蓝牙的智能疏散定位导航系统，任何移动终端（逃生人员）只要开启蓝牙功能，通过微信摇一摇或 App 就可以获知自己的准确位置，然后通过路径算法快速进入导航模式，指引人员安全疏散逃生。

2019 年，范国良研究了全息投影应急逃生指示系统。该系统经过各种信息处理后给出最佳的逃生路径，以此确定全息投影指示方向，引导受灾现场人员安全、快速、合理撤离。

2019 年，徐放提出了基于 BLE（低功耗蓝牙）的手机定位方式，具有局部损毁不影响全局使用的特点，当灾害发生时，每一部智能手机都可以不依赖通信环境和应用服务端，自主实现地图展示、路径规划和定位导航，引导公众快速疏散。

4.2 地震灾害应急逃生研究现状

地震灾害由于其突发性较强，凭借现有的技术难以预测，因此，对于地震发生后的地震预警、应急疏散和地震疏散演练的研究就尤为重要。

4.2.1 地震预警

地震预警是指在地震发生以后，抢在地震波传播到设防地区前，向设防地区提前几秒至数十秒发出警报，以减小当地的损失。地震预警对于设防地区的人员疏散具有重要的意义。

1868 年，Cooper 在旧金山地震之后制作了一种简易的地震预警的装置。该装置在旧金山城市上方通过敲响典型的钟声来发出即将到来的地面震动信号，为城市的人们提供预警信息。

在 20 世纪 60 年代后期，日本铁路系统在其轨道上部署了地震仪，当地面震动强度超过一定阈值并切断火车电源时，会触发地震仪。这种使用"警报地震仪"的方法仅在严重的地面震动开始后才发出警告。

1985 年，Heaton 提出地震预警系统的概念设计，地震发生后，地震检波器阵列将提供不同地理位置地震强度的信息，计算出地震的主要参数，即地点、震源时间、震级、振幅和可靠度估计值。这些信息和数据可用于预测遭受重大破坏的地区，以便能够及时和适当地分配应急服务、进行人员的疏散。2004 年，日本开始使用 JMA 地震预警系统，其主要功能有震源估计、震级评估、地震烈度估计、预测报告和观测报告，地震预警可用于生命线系统的在线控制、市民的应急行动等。

1991 年，墨西哥城的地震警报系统（SAS）开始实施，这是世界上第一个公共预警系统。SAS 使用前方检测，沿俯冲带附近海岸的仪器在地震中触发，并向城市传播警告信号，向墨西哥城提供约 60 s 的预警。在 1995 年的科帕拉地震发生后，SAS 为当地提供了长达 70 s 的预警。

4.2.2 地震疏散

2000 年，Kuwata 在 IEEE 工业电子学会第 26 届年会上提出将 GIS 用于灾害响应系统，该系统在灾害发生时能够指引人员逃生。叶明武等采用 GIS 的空间分析技术，开发了一种针对社区规模的居民避难的系统化方法，优化了地震疏散模式。

2001 年，Ichikawa 等考虑到倒塌建筑物造成的道路堵塞会给疏散造成影响，于是估计了每条道路通往疏散区域路线上的风险，然后使用蒙特卡洛模拟生成道路堵塞情况，并根据最短路径上的道路堵塞情况考虑疏散区域的位置。

2002 年，Takeuchi 设想了地震灾害中海啸的疏散，综合考虑道路堵塞和整体疏散距离等因素，对海啸中人员的疏散路线进行分析。

2005 年，Ramuhalli 等提出了一种集成的传感器网络和分布式事件处理体系结构，用于在自然灾害和人为灾害（包括地震，火灾和生物/化学恐怖袭击）期间进行有管理的室内疏散。该系统的网络组件是使用分布式无线传感器构建的，用于测量环境参数（如温度、湿度）并检测异常事件，例如，烟雾，结构故障，振动，生物、化学或核试剂。这些传感器节点将执行分布式事件处理算法，以检测灾难的传播方式，并测量建筑物不同部分的人口活动集中度和活动量。基于此信息，将做出动态疏散决策，以最大限度地提高疏散速度，并且最大限度地减少意外事故数量。

2009 年，马浩然等构建了有组织疏散的城市避震疏散优化模型，并采用遗传算法（GA）实现了模型的优化求解，其当量长度考虑了疏散环节各种影响因素，较之单纯采用道路长度作为疏散距离而言更有实际意义，最后以青岛市某次假设地震为例，在

GIS 平台上实现了对避震疏散方案的可视化表达。

2011 年，Ahn 提出 RescueMe 系统。该系统主动向被困人员提供疏散引导信息，逃生者在智能手机上使用 AR（增强现实）的移动导航系统，每个逃生者能够单独获得最优逃生路径，实施精准高效的安全疏散，同时为消防救援提供被困者准确的定位信息，实现快速有针对性的目标救援。

2014 年，Shimura 等将地震灾害中徒步疏散路线的确定视为一个多目标优化问题，提出一种利用多目标遗传算法和 GIS 定量搜索疏散路线的方法，解决了地震灾害疏散路线的优化问题。

2017 年，Yamamoto 等提出一种利用 ACO（蚁群优化）算法和 GIS 对城市地震灾害中疏散路线安全性进行定量评估的方法，使用 ACO 模拟来估算疏散路线的拥堵率，根据这些结果，通过 GIS 在数字地图上可视化提取多个疏散路线。

2020 年，刘占省发明公开了一种基于物联网和 BIM（建筑信息模型）的室内动态安防疏散系统，当发生地震灾害时，可以帮助受困人员找到最佳的疏散路径，提高疏散效率，减少人员伤亡。

4.2.3 地震疏散演练

地震疏散演练是为了对公民进行地震到来时的疏散模拟，培养公民在地震中的逃生意识，提高发生地震时逃生人员的应急反应能力和自救互救能力。传统的地震疏散演练无法模拟出灾难来临时的场景，使得疏散演练可能起不到应有的作用，为此，许多学者提出了新型地震疏散演练技术和系统。

Meesters 等提出基于游戏的灾难演习，将角色扮演与网络信息共享相结合，可以提供高水平的有效演练。

Uno 等开发了一种灾难模拟系统。该系统基于多主体模型和 GIS（地理信息系统）数据，能够可视化三维虚拟世界中的模拟疏散情况。

Farra 等开发了灾难培训系统，可以对医护人员进行应对灾难的培训，以减少培训医护人员的成本。

Leebmann 开发了可用于灾难响应培训的增强现实（AR）系统。该系统通过视网膜显示器［即小型头戴式显示器（HMD）］将 3D 模型（如建筑物的模拟损坏）叠加到实时视觉上。

Tsai 等开发了一种移动 AR 系统。该系统在基于 GPS（全球定位系统）和其他传感器的智能手机显示屏上叠加了简单的逃生指南（如到预期避难所的方向）。

Keisuke、Iguchi 等开发了一种基于数字游戏的疏散演习系统（EIT）。该系统使用增强现实（AR）和基于智能手机的沉浸式头戴式显示器（HMD），以培养学生在地震等灾害中逃生的能力。

Mitsuhara 等开发了基于游戏的疏散演练（GBED），作为基于 ICT（灾害教育应利用信息和通信技术）的灾难教育（ICTDE）计划，旨在培养参与者在熟悉和不熟悉的地点逃生的能力。

4.3　洪水灾害应急逃生研究现状

洪水灾害是威胁我国人民生命财产安全的主要自然灾害之一，近年来对于洪水灾害应急逃生的研究主要有洪水预报和洪水疏散。

4.3.1　洪水预报

洪水预报是根据洪水的形成和运动规律，利用过去和实时的水文气象资料，对未来一定时段内的洪水发展情况所作的预测预报分析，为人员的逃生争取时间。

20 世纪 80 年代初，原水文水利调度中心利用意大利政府赠款，与意洛蒂公司合作研制开发了"汉江洪水预报调度系统"。此后，又结合我国具体情况，形成了一套全部计算机化、完整的"联机综合洪水预报系统"。

1988 年，徐贯午等提出实时水情信息处理和洪水预报系统。该系统把实时水情信息处理和水文预报模型的实际应用结合起来，是实现从实时水情信息接收、处理、检索、应用，直到联机洪水预报通用的自动化系统。

1990 年，丁杰针对水情自动测报强调实时性和可靠性的特点，中心站选用 Intel 多总线工业微机，运行实时多任务 iRMX86 操作系统，使用效率高的 PL/M86 语言开发了实时水文数据遥测和洪水预报系统，并于 1990 年在枫树坝水电厂投入运行。该实时系统实时性强且操作简便，无须人工值守。

1993 年，王祥三等创建了综合约束线性系统模型（SCLS），并建立相应的实时校正模型，自动跟踪修正模型的预报误差，组成了联机实时洪水预报系统。综合约束线性系统模型将概念性模型与系统模型结合了起来，保留了二种模型的优点，回避了它们的缺点，具有模拟细致、制作方案简单等优点，便于实际生产中操作应用。

2005 年，章四龙建立了通用化的洪水预报系统的技术体系，弥补了国内传统洪水预报系统的不足。

4.3.2　防洪疏散

2003 年，水利部正式提出防洪减灾由控制洪水向洪水管理转换的新思路。洪水管理除了进行洪水预报以外，还包括洪水避灾，而洪水避灾的重点研究内容之一就是防洪疏散。

防洪疏散本身就是一个复杂系统工程，可分为疏散前、疏散中以及疏散后三个部分的内容。疏散前的工作主要包括：洪水演进模拟，确定受洪水影响的时空范围以及定义各待转移单位的转移优先级；部署疏散调度与指挥系统，提前建制交通工具部署方案以及设置路网交通管理单元，采集全区路网、人口、社会经济等数据，确定疏散边界条件；进行疏散路径规划方案的制定。疏散中的工作主要包括：疏散过程中的群众与路网动态信息的实时监测，交通管理系统的信息化运作，面向突发交通事件的应急疏散与疏散交通管理等。疏散后的工作则主要包括疏散工作完成度的反馈、群众生活安置、路网后续管理、灾后重建等。对于应急逃生而言，防洪疏散主要涉及的是疏散前和疏散中的工作。

（一）防汛系统

武汉市防汛办从 1988 年开始，统一规划，分项实施，逐步建成了"武汉市防汛辅助决策系统"，大大提高了防汛调度的正规化、规范化和自动化程度。

2000 年，上海市防汛信息中心在 GIS 基础上逐步建立了上海市防汛辅助决策系统，能够分析洪涝形势、制定防汛减灾方案、进行灾情评估以及工程管理，为洪水疏散提供准确、及时、全面的信息支持。

2005 年，浙江省水利信息管理中心采用多信道整合技术、数据库管理和网络传输技术，集成了全省 1 500 多个水情信息采集站点的实时水情信息，建立了基于 WebGIS 的实时水情信息发布与辅助决策系统，实现了全省实时水情数据库群的联网和信息共享。

2009 年，邹文生等建立了基于 3S 的防汛会商辅助决策系统。该系统以地理信息系统为平台，主要用于各防汛抗旱指挥部办公室，提供基于电子地图的实时雨水情、水库基础工情等信息的查询、显示，并利用地理空间分析结果来辅助防汛抗旱决策。

（二）洪水演进模拟

1987 年，刘树坤等应用二维不恒定流理论对洪泛区洪水灾害进行了模拟计算，并用电子计算机来模拟洪水上涨、消退全过程。该理论已经应用于海河流域永定河分洪区的洪水风险分析。但是该模型计算时间比较久，进行大面积和持续时间长的洪水模拟时效率比较低。1996 年，程晓陶等提出采用无结构不规则网格的二维非恒定流数值模型，充分考虑了分蓄洪区内影响洪水演进的各种主要因素，该模型通过 1954 年荆江分洪区实测分洪过程的模拟验证，表明模型不仅计算精度显著提高，计算速度也大为加快，达到了为分洪调度指挥服务的要求，具有较强的实用性。

2001 年，白薇提出了基于 GIS 的"体积法"洪水淹没范围模拟模型。"体积法"的基本思路是，根据洪水由高向低流动的重力特性和地形起伏情况，用洪水的水量与洪水淹没范围内水量体积相等的原理来模拟洪水淹没范围。

2004 年，丁志雄等在遥感与 GIS 技术的基础上，应用数字高程模型（DEM）生成的格网模型进行洪水的淹没分析，结果表明，以 GIS 技术为支持，采用平面模拟方法进行洪水淹没范围和水深分布的模拟是可行的。

2004 年，徐志胜等对 VR（虚拟现实）-GIS 技术在小城镇洪水淹没模拟分析中的应用进行了研究，利用淹没范围的近似计算模型，可以有效、迅速、准确地计算出洪水淹没范围，有利于防

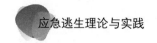

洪减灾的迅速决策。

2005年，李发文以栅格测地圆形式分析洪水扩散问题，根据数字高程地形资料和溃口流量，利用基于GIS的"体积法"洪水淹没范围模拟模型来模拟洪水淹没范围以及淹没水深，提出一种"点线结合型"洪灾避难分析思想。

2012年，孙君等基于TIN数据，运用ArcMap，采用"无源淹没分析"方法对区域天然防洪能力进行划分，实现了在给定水位条件下，对洪水淹没范围的分别提取与统计计算，建立了洪水水位高程和淹没面积关系公式，并用于洪水淹没快速预测，运用ArcScene，对水位抬升的"无源渐进淹没"情况进行三维模拟。

2017年，王小军等基于GIS知识与技术，应用ArcHydro Tools工具，从栅格型DEM上提取水系，划分子流域和水系等级，并分析流域特征，同时应用空间分析工具，通过种子蔓延算法，求低于一定高程的有源洪水淹没范围，并计算淹没面积，最后与行政区图叠合分析，确定实际淹没范围。

（三）防洪疏散路径规划

发生在城市中的洪水灾害往往会造成交通拥堵，因此，防洪疏散路径往往都是基于交通分配模型。

1973年，美国联邦高速公路管理局开发的网络流模型NETSIM（traffic simulation systemin network simulation model）就已经面世，这是为分析由于信号控制、行人、公共汽车、停车、工程施工等因素所导致的交通阻塞现象而开发的微观仿真模型，可用于城市洪灾的防洪疏散路径规划。

当前使用广泛的疏散路径规划算法来源于Lu等提出的三种

容量受限路径规划算法，包括 SRCCP（sing route capacity constrained planning）、MRCCP（mluti route capacity constrained planning）以及 CCRP（capacity constrained route planing），其计算简单，效果显著，具有较高的应用价值。MRCCP 是 SRCCP 的改进模型，而 CCRP 则是在 MRCCP 中加入超级源汇点的改进模型，目的是为了提高 MRCCP 的计算效率。

2006 年，Liu 等人进行洪水灾害模拟时使用时空地理信息系统（DiMSIS）和 Dijkstra 算法的方法。这是一个方法寻找最短的路线，并开发了一个算法推导疏散路线，可以应对形势的变化随着时间的洪水灾难。

2011 年，王晓玲等基于溃坝洪水数值模拟研究了最优疏散方案。采用三维溃坝数学模型，结合流体体积（VOF）法，根据数值模拟的水力信息和疏散应急方案的选择原则，提出了疏散路径分析模型，该模型由路权模型和随机度模型组成。路权模型用于计算道路消耗时间，随机度模型用于判断道路是否阻塞，然后基于 Dijstra 算法获得最短的疏散路线。

2019 年，刘斐总结了前人关于疏散路径规划的研究，提出了一种基于扩展时空变量集搜索的疏散路径规划方法，为防洪疏散路径规划与应急疏散路径规划提供核心计算方法。

4.4　公共卫生事件应急逃生研究现状

公共卫生事件是指突然发生，造成或者可能造成社会公众健康严重损害的重大传染病疫情、群体性不明原因疾病、重大食物和职业中毒以及其他严重影响公众健康的事件。考虑到与应急逃生的相关性，这里介绍公共卫生事件仅涉及影响公共安全的毒物泄漏事件、核事故、放射性事故。对于该类事故，当前的研究主要分为危险化学品的泄漏扩散和事故后的疏散与逃生。

4.4.1 危险化学品的泄漏扩散

危险化学品泄漏后，扩散过程极易受风速、风向以及地形的影响，扩散形状非常复杂，有时还会长时间滞留不散。因此，研究危险化学品泄漏扩散模型，采用模型对危险气体释放扩散过程进行计算机模拟是十分必要的。当前危险化学品泄漏扩散模型主要有两类：大气扩散模型和泄漏扩散模型。

一、大气扩散模型

大气扩散模拟自 20 世纪 30 年代前后就得到发展，至今已发展成为数众多的大气扩散模型（可能达上百种之多）用于不同的场合。这里仅介绍部分应用较为广泛的大气扩散模型。

（一）SLAB 模型

SLAB（an atmospheric dispersion model for denser-than-air releases，混合层模型：用于重气的大气扩散模型）模型由美国能源部的劳伦斯 – 利弗莫尔（Lawrence Livermore）国家实验室开发，是用于重气释放源的大气扩散模型。该模型能够处理 4 种不同的释放源：地面池蒸发、高于地面的水平射流、一组或高于地面的射流以及瞬时体积源。

SLAB 通过云层分布的空间平均浓度和某些假定分布函数来计算时间平均扩散气体浓度，计算流程如图 4.1 所示。模型以空气卷吸作用为假设前提，计算大气湍流云层混合和源于地面摩擦影响的垂直风速变化。SLAB 模型把气云的浓度看作与距离的函数，通过求解动量守恒方程、质量守恒方程、组分、能量和状态方程对气体泄漏扩散进行模拟。在预测浓度随时间变化方面，SLAB 模型在稳定、中度稳定及不稳定的大气环境下均能得到比较好的预测结果。

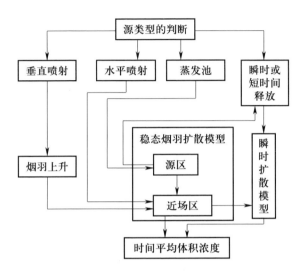

图 4.1　SLAB 模型的结构

SLAB 包含两个大气扩散模型：稳态烟羽模型和瞬变流模型。模拟时可以根据源的类型和泄漏持续时间来选择模型。SLAB 模型的优点是使用简单、快速；而不足之处是模型中没有考虑有建筑物存在和地形变化的复杂情况，亦未考虑高度方向的浓度变化。

SLAB 模型已经被用于内部边界层变化的预测，且预测结果比较好好。香港城市大学的刘和平等曾在 1999 年应用 SLAB 模型，预测了香港地区在选择风向条件下内部边界层的变化，但由于香港具有复杂地形和锯齿状海岸线等特点，故 SLAB 模型难以对内部边界层高度做出正确预测。

（二）DEGADIS 模型

DEGADIS（dense gas atmospheric dispersion，重气大气扩散）大气扩散模型由美国海岸警备队和气体研究所开发，能够对短期环境浓度以及预期将暴露在高于特定有毒化学品限制浓度水平的区域进行精细模拟评估。该模型假设气云具有均匀的浓度，能够描述在平坦地形和无障碍物的无限空间条件下，密度比空气大的燃气发生泄漏事故时在大气中的扩散过程。DEGADIS 可以用于模拟面源稠密气体（或悬浮颗粒）在平坦地形下向大气边界层的无动力释放，还可以预测在溢流事故中气体扩散的距离。

该模型的主要优点是考虑到了如下重要因素：

①重力作用于高密度蒸气对扩散和混合的影响；

②风导致的燃气的收聚作用；

③对区域而不单是对点的实际处理；

④泄漏状况随着时间改变的情况。

对于作用于扩散燃气的重力影响和在风的作用下燃气的"收聚"作用所做的处理，是该模型主要的优势所在。DEGADIS 的应用，证明它可以精确描述高密度燃气云中的重力扩散和紊流混合过程。

DEGADIS 模型的局限：只能限制在由平面泄漏的燃气泄漏后果预测，只考虑了燃气云在光滑表面进行泄漏扩散，而没有考虑有障碍物的情况，如地形的不同以及建筑物、储罐等障碍物造成的流动的变化。

DEGADIS 是一个综合扩散后果模型，应用于评估高危险性的高密度燃气和气溶胶的泄漏事故。1992 年，美国采用 DEGADIS

模型来计算规范要求的液化天然气扩散防护区域。2003 年，希腊雅典科技大学的 Rigas 和意大利米兰理工大学的 Centola 等运用 DEGADIS 模型，对意大利北部一农药生产线的 HCl 气体泄漏进行了安全性分析。在我国，北京染料厂的危险源预警监测监控系统中，DEGADIS 模型被用于有毒有害气体动力扩散模型仿真的重气仿真，对泄漏物质进行模拟计算，给出有害区域和致死区域范围，在泄漏范围内任意点的泄漏气体浓度随时间的变化图、下风向浓度变化图及泄漏源强度图，为安全管理、事故预防及事故处理提供帮助。

（三）ALOHA 模型

ALOHA（area location of hazardous atmospheres，有害大气区域定位）模型利用所提供的信息和自身的综合化学物性参数库来预测发生化学事故后，有害气云如何在大气中扩散的应急响应大气扩散模型。ALOHA 起初是为使应急响应器能够快速有效的使用，以便制定应急预案而开发的。ALOHA 能够预测自破裂的气体管道、泄漏的罐、蒸发池的化学物质释放，也能够预测中性浮力气体或重气的扩散。在 ALOHA 中能够显示事故下风向浓度超过化学品限定值的区域的浓度变化图，也能够显示源强（释放速率）、浓度和剂量随时间的变化。

ALOHA 模型最初被美国国家海洋和大气局（NOAA）的应急响应人员作为室内工具，经多年发展后成为反应、规划、培训及学术研究工具。美国的 Chakraborty 等用 ALOHA 模型对 1993 年 4 月发生在美国艾奥瓦州的得梅因的一起液氯泄漏事故进行了评价，考虑了事发地附近的复杂地形条件。2005 年，Alhajraf 等将 ALOHA 模型应用到了科威特油田的实时反应系统中，作为一个计算模型主要用于重气泄漏的应急响应，预测了危险区域瞬时泄漏的有害烟团释放的方向和浓度。计算所得出的结果可叠加在整个区域的卫星图片上，对事故进行了有效的重现，并使预测结果更易被理解。

二、泄漏扩散模型

国外在泄漏扩散模型的研究工作开始于 20 世纪 70 年代，直到现在该领域的研究也比较活跃。迄今为止，出现了数以百计的事故后果模型，如高斯（GAUS）模型、唯象模型（又称 BM 模型）、SUTTON 模型、FEM3 模型、箱及相似模型等。每个模型都有其各自的特点以及应用范围，为试验研究提供了大量的理论依据。

我国对危险化学品泄漏扩散模型的研究起步较晚，多是采用以经验和积分模型为主的理论计算。1996 年，原化工部化工劳动保护研究所针对有毒化学品（气、液）突发性泄漏，运用现场实验数据以及物理模拟和数学模拟方法建立了 HLY 泄漏扩散模型。该模型可用于预测泄漏后毒物的浓度时空分布以及人员伤害程度。2000 年，大连理工大学的丁信伟等对 CO_2、C_3H_6、C_2H_2 气体的扩散行为进行了动力学研究，在多次定常风洞扩散试验中获得了风速、泄放速率、气体密度等主要因素对气体扩散的影响，得到气体扩散的一般规律。2002 年，南京工业大学在存储状态、存储条件、填充程度、泄漏面积、泄漏位置、泄漏形式和流动限制 7 个主要影响因素的基础上建立了 16 种事故泄漏模式，同时还针对每种泄漏模式的发生条件、机理进行了研究，得出了在各种模式泄漏情况下，泄漏源的强化量模型。2008 年，沈艳涛等进行了毒性重气瞬时泄漏扩散过程 CFD 模拟与风险分析，结果表明利用该扩散模型计算的数据能定性和定量地动态分析毒性重气扩散过程的近场风险。

此外，也有一些是针对特殊环境的事故性泄漏扩散模型的研究，如上海大学的李萍对在隧道内危险物质发生泄漏时气相和气液两相扩散的过程进行了数值模拟研究，分析了危险性物质以水平和垂直两种不同的形式喷出储罐后的流场和浓度场，同时还考虑了跟随车辆及隧道顶部通风对扩散过程的影响；大连海事大学的杨成坤研究了液态天然气船舶瞬时泄漏时，重气形成的原因和扩散过程特征，建立了一套完整的泄漏事故扩散预测模型并给出相应的计算方法；辽宁大学的肖明明同时考虑了干沉降、湿沉降、放射性衰变和风向变化等因素，对大气扩散高斯模型进行了改进，建立了适合核电厂核事故污染扩散模拟的放射性核素污染扩散模型。

下面我们主要介绍几种应用广泛的泄漏扩散模型，并进行各种模型的特性比较（见表4.1）。

表 4.1 各种模型的特性比较

模型名称	适用对象	适用范围	难易程度	计算量	计算精度	相关参数	特点	缺陷
高斯模型	中性气体	大规模、短时间	较易	少	较差	密度、爆炸极限、气温、风速、风向	可模拟连续性泄漏和瞬时泄漏两种泄漏方式	只适用于中性气体，模拟精度较差
BM模型	中性或重气体	大规模、长时间	较易	少	一般	气云横断面上的平均浓度、初始浓度	由重气体连续和瞬时泄放的实验数据绘制成的计算图表	经验模型，外延性差
Sutton模型	中性气体	大规模、长时间	较易	少	较差	与气象条件有关的扩散参数	采用湍流扩散理论处理泄漏时的湍流扩散	模拟可燃气体泄漏扩散时误差较大

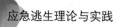

续表

模型名称	适用对象	适用范围	难易程度	计算量	计算精度	相关参数	特点	缺陷
FEM₃模型	重气体	不受限制	较难	多	较好	气温、风速、风向等	处理连续源泄放及有限时间的泄放	计算量大、计算机模拟较为困难
箱及箱式模型	中性或重气体	不受限制	较易	少	较好	气云平均半径、平均高度和平均气云温度	预报气云的总体特征，没有考虑气云空间上的细节特征	自身存在固有的局限性，涉及不连续面，具有很大的不确定性
P-G模型	中性气体	不受限制	较易	少	较差	风速、大气稳定度、地形、泄漏源高度、物质的初始状态、性质	对环境因素考虑的更加详细。根据风速、白天阳光辐射强度、夜晚云层的覆盖程度对大气稳定度进行了划分	确定大气稳定度时人为因素较多，会造成扩散模拟结果偏差较大

（一）高斯模型

高斯模型是最早开发的数学模型，它从统计方法入手，考察扩散质的浓度分布情况。根据泄漏源的不同分为烟羽模型（plume model）和烟团模型（puff model），烟羽模型用来描述连续泄漏源的扩散，烟团模型用来描述泄放时间相对于扩散时间比较短的瞬间泄漏的扩散。尽管高斯模型没有考虑重力对扩散的影响，但是由于高斯模型提出的时间较早，且实验数据多，加上该模型简单，运算量小，易于理解，计算结果与实验值能较好吻合，所以应用较为广泛，尤其适用于大规模、短时间的扩散。

（二）BM 模型

BM 模型是 Britter 和 McQuaid 在收集了大量重气扩散的实验室和现场试验结果基础上以无因次的形式将数据连线并绘制成与数据匹配的曲线或列线图，并制定了重气扩散手册，用简单而实用的方程式和列线图，很好地反映了重气瞬时和连续释放的规律。BM 模型计算简便，结果表现直观，但由于精度较差，常用作基准的筛选研究，不适用于城市或工业区等表面粗糙度较大的区域扩散研究，也不适用于喷射或两相泄漏的近源区。

（三）Sutton 模型

Sutton 模型是运用湍流扩散统计理论来处理湍流扩散问题的模型，通过对流场中单个粒子的运行轨迹和速度的随机变化研究，运用数理统计方法得到大量粒子在空间中的分布概率推算所有粒子的扩散分布。该模型是用湍流扩散统计理论来处理湍流扩散问题的，其浓度的计算公式为：

$$C(x,y,z) = \frac{Q\exp\left[-\dfrac{y^2}{2C_y^2 x^{2-n}}\right]}{\pi C_y C_z \upsilon} \left\{\exp\left[-\frac{(z-h)^2}{C_z^2 x^{2-n}}\right] + \exp\left[-\frac{(z+h)^2}{C_z^2 x^{2-n}}\right]\right\} \tag{4.1}$$

式中　C——气体浓度（以百分数表示的体积分数）；

　　　Q——气体泄放速率，m^3/s；

v——风速，m/s；

h——气体泄源高度，m；

x——下风向距离，m；

y——横风向距离，m；

z——垂直高度，m；

n，C_y，C_z——与气象条件有关的扩散参数（n 为无量纲，C_y、C_z 的单位为 m）。

Sutton 模型在模拟可燃气体泄放扩散时会产生较大误差，与试验值相差倍以上。

（四）FEM_3 模型

FEM_3 模型即三维有限元计算模型，是采用有限元解法求解不定常连续性方程、动量方程、扩散方程、热量方程以及理想气体状态方程，采用梯度输运理论来处理湍流问题。该模型的原型是1979 年提出的，最初是为了模拟液化天然气的突发性泄放，用该模型对 LNG 的泄放进行了系列模拟，获得了较好的结果。近几年随着模型的不断完善，已可处理毒气及可燃性气体等许多重气体的扩散。FEM_3 模型也可以处理复杂地形条件下的泄漏扩散，但由于模型计算量较大，对于真实情景的模拟较为困难。

（五）箱及箱式模型

箱及箱式模型是在假定的浓度、温度条件下，任何下风向横截面为矩形分布或相似矩形分布情况下的扩散模型，用来描述瞬时泄漏形成的重气云团的运动。箱及箱式模型包括了被动扩散的高斯模型及对其的修正，计算精度较高，适用范围限制较小，简单易用，特别适合于重大事故危险评价。

（六）P-G 模型

P-G 模型综合考虑了泄漏物质的初始状态、泄漏源高度、物料性质、风速、大气稳定度、地面情况（建筑物、树木等）因素对泄漏物质在大气中的扩散的影响，更准确地确定了危险化学品泄漏后危害的范围以及危害的程度。

P-G 模型在规模和时间上也不受限制，但由于考虑因素详细周全，在确定大气稳定度时人为因素较多，造成扩散模拟结果偏差较大，其应用也存在着一定的局限性。

4.4.2 泄漏事故的疏散

泄漏事故的突发性往往要求在较短的时间内将受灾区域内的居民安全、有序的疏散到安全区域，最大限度地降低疏散总体出行时间、减少人员伤亡与财产损失。由于泄漏事故明显的复杂性特征和潜在的次生衍生危害（火灾、爆炸等），以及受灾人群疏散行为的随机性与复杂性，使得泄漏事故的疏散与逃生成为应急管理研究的重点和难点。目前，关于泄漏事故疏散与逃生的研究有很多。

1979 年，三里岛核电站泄漏事故促使针对核事故的交通疏散网络模型 CLEAR 和仿真模型 NETVAC 的诞生。CLEAR（calculates logical evacuation and response）基于交通流模型，可以处理交叉口环境，能够描述排队延迟，用以模拟车辆在疏散路网中的运动，以评估受影响区域的疏散时间。1980 年被提出的 NETVAC，是第一套较为成熟的宏观交通仿真系统，能够模拟包括复杂交叉口在内的道路网络拓扑结构和一系列的疏散管理策略。同一时期，Southworth 提出了区域疏散模型的五阶段模型，该研究参照传统城市交通的四阶段规划模型，提出了由交通生成、出行时间选择、目的地选择、出行路径选择以及交通规划和分析组成的五阶段建模机制。

1999 年，温丽敏等给出了基于有毒气体泄漏事故后果预测仿真人员疏散最佳路径选择的遗传算法的模型，在该模型中，人员疏散最佳路径选择算法与遗传算法在该领域的应用较为新颖，且有一定的实用价值，可为事故的预防准备和现场决策提供支持。

2001 年，Kim 等基于韩国化工厂的数据库系统和 GIS 框架开发了综合风险管理系统（IRMS），将其显示在数字地图上。在紧急情况下，可以指示当地居民的逃生路线以及消防车和救援队的进场路线，以更好地控制和管理事故。

2001 年，肖国清等进行了基于遗传算法的毒气泄漏时最佳疏散路径的研究，在基于扩散理论和毒物伤害模型之上，把事故伤害范围划分为致死区、重伤区、轻伤区和吸入反应区，讨论了疏散路径的可行性和当量长度模型，提出了通行难易程度系数和危险系数的概念，然后根据网络理论的 K 最短路解法，得出了两点间 K 条最短疏散路径的求法。

2008 年，袁媛等考虑灾害扩散的实时影响，建立了应急疏散路径选择问题的数学模型。该模型的创新点在于考虑了通行速度的时变性，疏散者在各弧段上的通行时间也不是常数，模型以通过疏散路径所需的总疏散时间最短为优化目标，将疏散网络中各弧段上的通行速度表示为随时间的连续递减函数。

2009 年，宋倩文等研究了在毒气泄漏事故中居民的心理行为特征，得出了居民在疏散过程中的各种心理行为反应的相关因素，为制定有效的应急疏散管理预案提供科学的依据。

2009 年，李向欣采用高斯烟团模型模拟有毒化学品泄漏后的扩散区域，确定应急疏散范围；采用线性规划方法，建立应急疏散优化模型，并利用 Lingo 优化软件求解该模型。

2010 年，崔建勋对道路交通应急区域疏散交通流的时变、随机特性开展了基于元胞传输模型的疏散交通流基础建模研究，并提出了适用于大规模路网疏散的改进元胞传输模型。

2011 年，陈钢铁等对危险品泄漏事故后的动态路网应急疏散进行了研究，考虑路网上车流的时变性，建立了以最短车辆总疏散时间为目标的应急车辆疏散模型。该模型基于计算的复杂性和粒子群算法（PSO）的优点，采用 PSO 对模型进行求解，以动态交通流分配理论对应急车辆流进行优化分配，优化后的方案能够减轻整个疏散车辆的拥堵程度，为应急管理部门决策提供理论支持。

2012 年，Tsai 等构建了名为移动逃生指南（MEG）的应用程序，该应用程序整合了 GIS（地理信息系统）和 AR（增强现实）技术，用户在核事故现场进行自我疏散时，能够使用手机访问该应用程序，从而得到合理的逃生路线，用户可以轻松地从核事故现场撤离。

2013 年，邓云峰等针对危险化学品、生化制剂、放射性或核物质（CBRN）事故情景，建立区域疏散路径优化模型。基于个体脆弱性模型，提出了适合求解模型算法，包括静态最优路径算法和动态最优路径算法。

2014 年，邓云峰等采用 SLAB 模型模拟有毒气体的泄漏扩散，通过模拟获得有毒气体浓度的时间空间分布数据，得出致死区、重伤区和轻伤分区的范围变化情况，通过系统设计与程序运算，实现了事故信息的获取、划定事故影响区域和疏散范围以及对疏散人口进行预测的目的。

2015年，周俊飞提出基于GIS的应急疏散决策思路，以弥补应急疏散传统决策方式的不足，并且构建了基于GIS的化学工业园应急辅助决策模型。该模型将传统事故后果数学计算模型跟GIS技术结合起来，能够确定单一事故和多事故下应急疏散区域，基于GIS进行路径规划求解及展示，解决从疏散点到避难点的路径规划问题，提高疏散效率。

2016年，邓云峰等基于CBRN事故区域疏散的特点，引入疏散亚区域的概念，并运用运筹学中图论与离散时间动态网络流的理论和方法，建立CBRN事故区域疏散优化模型。

2017年，邓云峰等构建基于GIS的重大毒气泄漏事故区域疏散分析系统，对区域疏散分析业务流程和数据流程进行分析。

2018年，池晓霞将遗传算法和A*算法相结合，连续迭代选择核电站的最优选址方案和核事故发生时人员的撤离路线，构建了双层模型。

4.5　恐怖袭击事件应急逃生研究现状

当今世界，恐怖袭击的频繁发生造成了大量的人员伤亡和经济损失，同时还深刻影响着世界各国的社会稳定。恐怖袭击发生时，环境的复杂性以及人们对于突发事件的恐慌往往会造成拥堵，不利于人员的逃生与疏散。恐怖袭击的发生地点主要是人群高度密集、事故一旦发生会造成严重社会影响的一些公共场所，比如客运交通枢纽（包括铁路车站、汽车站、港口等）、大型体育场馆、大型的商业综合体等。

近年来，许多学者对恐怖袭击中人员的逃生与疏散进行了研究。刘谦开发了一种社会力量模型，用于研究在公共场所发生恐怖袭击时的人群疏散情况，对于制定有效的疏散计划以减少恐怖袭击中的人员伤亡非常有价值。Li 等建立了一个新的基于个人行为的驱动力模型，用于模拟特定恐怖袭击场景下人员的行为，该模型是社会力量模型的扩展，更加具有准确性和稳定性。Uemura 等提出了紧急救援疏散支持系统（ERESS），该系统是由手机持有人在终端周围自动进行灾难检测，并迅速收集、分析和共享疏散信息，能帮助逃生人员寻找正确的疏散路线。马良等提出基于主体的紧急疏散模型和一种路径规划算法，该算法不仅考虑距离，还考虑舒适度和威胁因素，针对沙林恐怖袭击的关键因素进行了研究，经过一系列模拟证明了该模型的可靠性。薛一江等对核与辐射恐怖袭击下的公众应急疏散进行了研究，分析讨论了应急疏散区域、疏散路线和疏散指挥等公众应急疏散的基本问题。隋杰等针对生化恐怖袭击时的地铁站厅应急疏散中存在的问题，在疏散时间经验公式基础上结合行人逃生规则制定引导方案对行人进行引导疏散，并分析不同特征的行人在生化恐怖袭击中行为差异，以及对引导疏散过程的影响。朱炎峰等研究了多目标／多类型恐怖袭击风险评估模型，深入分析体育场馆恐怖袭击风险要素，建立了恐怖袭击风险评估要素体系，并且进行了体育场馆恐怖袭击人群疏散仿真模拟。

参考文献

［1］程盼松. 火灾发生时人员疏散的羊群行为模拟研究［J］. 产业创新研究，2019（10）：192-193.

［2］王建国，樊亦洋. 地铁火灾群体恐慌对非适应性疏散行为影响研究［J］. 消防科学与技术，2020，39（6）：856-859.

［3］赵作鹏，宋国娟. 基于 D-K 算法的煤矿水灾多最优路径研究［J］. 煤炭学报，2015，40（2）：397-402.

［4］赵云龙. 基于矿井机电硐室火灾动态演变过程的人员避灾辅助决策系统［D］. 太原：太原理工大学，2019.

［5］张振伟. 高层建筑电梯疏散预警支持系统研究与实践［C］. 2019 中国消防协会科学技术年会论文集. 北京：中国消防协会，2019：4.

［6］徐放，吴小川. 基于 BLE 的复杂建筑应急疏散导航系统研究与设计实现［C］. 2019 中国消防协会科学技术年会论文集. 北京：中国消防协会，2019：4.

［7］Shimura Y, Yamamoto K. Method of Searching for Earthquake Disaster Evacuation Routes Using Multi-Objective GA and GIS［J］. Journal of Geographic Information System, 2014, 6（5）：492-525.

［8］Farra S L，Miller E T. Integrative review：Virtual disaster training ［J］. Journa 1 of Nursing Education and Practice，2012，3（3）：93-101.

［9］刘斐. 防洪疏散路径规划及实时交通流信息驱动的应急疏散规划方法 ［D］. 武汉：华中科技大学，2019.

［10］邓云峰，盖文妹. 重大毒气泄漏事故区域疏散分析系统设计与应用 ［J］. 中国安全生产科学技术，2017，13（12）：13-19.

5 应急逃生法律、标准体系

5.1 应急逃生法律

从 20 世纪下半叶许多国家的行政程序立法实践来看，针对特殊和紧急情况的行政法治需要，在行政程序法典中专门设立若干紧急程序条款来规范紧急行政行为，是一种比较普遍和有效的做法。应急逃生的法律是各国应急体系中的一项重要组成部分，是开展突发事件应对的依据与保障。许多国家都制定了统一的紧急状态法，并针对各种具体的紧急状况制定了一系列的单行法律，同时这些法律中也都具有特定的条文对应急疏散与逃生的情况加以说明与规定。

5.1.1 我国应急逃生法律

我国自古以来就是一个自然灾害频发的国家。特别是改革开放以来，我国处在经济转轨、社会转型的过程中，随着改革不断深化，各种自然灾害、事故灾难、公共卫生事件和社会安全事件不断增多，深层次的矛盾和问题不断涌现，应急任务特别繁重。自 2003 年上半年取得抗击"非典"疫情斗争的胜利以来，我国以"一案三制"为基本框架的应急管理体系建设工作取得了重大的历史性进步，全国应急预案体系基本形成，应急体制逐步理顺。许多应急方面的法律中也都对应急逃生与疏散做出了具体的规定。

一、《中华人民共和国突发事件应对法》

《中华人民共和国突发事件应对法》是我国应急管理方面的基本法，被称为"非常时期的小宪法"，其中对于紧急状态下的疏散与应急逃生有着以下规定。

第十七条 国家建立健全突发事件应急预案体系。国务院制定国家突发事件总体应急预案，组织制定国家突发事件专项应急预案；国务院有关部门根据各自的职责和国务院相关应急预案，制定国家突发事件部门应急预案。地方各级人民政府和县级以上地方各级人民政府有关部门根据有关法律、法规、规章、上级人民政府及其有关部门的应急预案以及本地区的实际情况，制定相应的突发事件应急预案。应急预案制定机关应当根据实际需要和情势变化，适时修订应急预案。应急预案的制定、修订程序由国务院规定。

第十九条 城乡规划应当符合预防、处置突发事件的需要，统筹安排应对突发事件所必需的设备和基础设施建设，合理确定应急避难场所。

第二十四条　公共交通工具、公共场所和其他人员密集场所的经营单位或者管理单位应当制定具体应急预案，为交通工具和有关场所配备报警装置和必要的应急救援设备、设施，注明其使用方法，并显著标明安全撤离的通道、路线，保证安全通道、出口的畅通。

第二十九条　县级人民政府及其有关部门、乡级人民政府、街道办事处应当组织开展应急知识的宣传普及活动和必要的应急演练。居民委员会、村民委员会、企业事业单位应当根据所在地人民政府的要求，结合各自的实际情况，开展有关突发事件应急知识的宣传普及活动和必要的应急演练。新闻媒体应当无偿开展突发事件预防与应急、自救与互救知识的公益宣传。

第三十条　各级各类学校应当把应急知识教育纳入教学内容，对学生进行应急知识教育，培养学生的安全意识和自救与互救能力。教育主管部门应当对学校开展应急知识教育进行指导和监督。

第三十三条　国家建立健全应急通信保障体系，完善公用通信网，建立有线与无线相结合、基础电信网络与机动通信系统相配套的应急通信系统，确保突发事件应对工作的通信畅通。

第三十六条　国家鼓励、扶持具备相应条件的教学科研机构培养应急管理专门人才，鼓励、扶持教学科研机构和有关企业研究开发用于突发事件预防、监测、预警、应急处置与救援的新技术、新设备和新工具。

第四十二条　国家建立健全突发事件预警制度。可以预警的自然灾害、事故灾难和公共卫生事件的预警级别，按照突发事件发生的紧急程度、发展势态和可能造成的危害程度分为一级、二级、三级和四级，分别用红色、橙色、黄色和蓝色标示，一级为最高级别。预警级别的划分标准由国务院或者国务院确定的部门制定。

第四十五条 发布一级、二级警报，宣布进入预警期后，县级以上地方各级人民政府除采取本法第四十四条规定的措施外，还应当针对即将发生的突发事件的特点和可能造成的危害，采取下列一项或者多项措施：

（一）责令应急救援队伍、负有特定职责的人员进入待命状态，并动员后备人员做好参加应急救援和处置工作的准备；

（二）调集应急救援所需物资、设备、工具，准备应急设施和避难场所，并确保其处于良好状态、随时可以投入正常使用；

（五）及时向社会发布有关采取特定措施避免或者减轻危害的建议、劝告；

（六）转移、疏散或者撤离易受突发事件危害的人员并予以妥善安置，转移重要财产。

第五十五条 突发事件发生地的居民委员会、村民委员会和其他组织应当按照当地人民政府的决定、命令，进行宣传动员，组织群众开展自救和互救，协助维护社会秩序。

第五十六条 受到自然灾害危害或者发生事故灾难、公共卫生事件的单位，应当立即组织本单位应急救援队伍和工作人员营救受害人员，疏散、撤离、安置受到威胁的人员，控制危险源，标明危险区域，封锁危险场所，并采取其他防止危害扩大的必要措施，同时向所在地县级人民政府报告；对因本单位的问题引发的或者主体是本单位人员的社会安全事件，有关单位应当按照规定上报情况，并迅速派出负责人赶赴现场开展劝解、疏导工作。

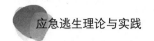

二、《中华人民共和国消防法》

《中华人民共和国消防法》是为了预防火灾和减少火灾发生，加强应急救援工作，保护人身、财产安全而制定的法律，对于应急逃生与疏散具有重要的指导作用。

第七条　国家鼓励、支持消防科学研究和技术创新，推广使用先进的消防和应急救援技术、设备；鼓励、支持社会力量开展消防公益活动。对在消防工作中有突出贡献的单位和个人，应当按照国家有关规定给予表彰和奖励。

第十六条　机关、团体、企业、事业等单位应当履行下列消防安全职责：

（一）落实消防安全责任制，制定本单位的消防安全制度、消防安全操作规程，制定灭火和应急疏散预案；

（二）按照国家标准、行业标准配置消防设施、器材，设置消防安全标志，并定期组织检验、维修，确保完好有效；

（三）对建筑消防设施每年至少进行一次全面检测，确保完好有效，检测记录应当完整准确，存档备查；

（四）保障疏散通道、安全出口、消防车通道畅通，保证防火防烟分区、防火间距符合消防技术标准；

（五）组织防火检查，及时消除火灾隐患；

（六）组织进行有针对性的消防演练；

（七）法律、法规规定的其他消防安全职责。

第十八条　同一建筑物由两个以上单位管理或者使用的，应当明确各方的消防安全责任，并确定责任人对共用的疏散通道、安全出口、建筑消防设施和消防车通道进行统一管理。

第二十条 举办大型群众性活动，承办人应当依法向公安机关申请安全许可，制定灭火和应急疏散预案并组织演练，明确消防安全责任分工，确定消防安全管理人员，保持消防设施和消防器材配置齐全、完好有效，保证疏散通道、安全出口、疏散指示标志、应急照明和消防车通道符合消防技术标准和管理规定。

第二十八条 任何单位、个人不得损坏、挪用或者擅自拆除、停用消防设施、器材，不得埋压、圈占、遮挡消火栓或者占用防火间距，不得占用、堵塞、封闭疏散通道、安全出口、消防车通道。人员密集场所的门窗不得设置影响逃生和灭火救援的障碍物。

第三十五条 各级人民政府应当加强消防组织建设，根据经济社会发展的需要，建立多种形式的消防组织，加强消防技术人才培养，增强火灾预防、扑救和应急救援的能力。

第三十六条 县级以上地方人民政府应当按照国家规定建立国家综合性消防救援队、专职消防队，并按照国家标准配备消防装备，承担火灾扑救工作。乡镇人民政府应当根据当地经济发展和消防工作的需要，建立专职消防队、志愿消防队，承担火灾扑救工作。

第三十七条 国家综合性消防救援队、专职消防队按照国家规定承担重大灾害事故和其他以抢救人员生命为主的应急救援工作。

第三十八条 国家综合性消防救援队、专职消防队应当充分发挥火灾扑救和应急救援专业力量的骨干作用；按照国家规定，组织实施专业技能训练，配备并维护保养装备器材，提高火灾扑救和应急救援的能力。

第四十四条　任何人发现火灾都应当立即报警。任何单位、个人都应当无偿为报警提供便利，不得阻拦报警，严禁谎报火警。人员密集场所发生火灾，该场所的现场工作人员应当立即组织、引导在场人员疏散。任何单位发生火灾，必须立即组织力量扑救，邻近单位应当给予支援。消防队接到火警，必须立即赶赴火灾现场，救助遇险人员，排除险情，扑灭火灾。

第五十四条　消防救援机构在消防监督检查中发现火灾隐患的，应当通知有关单位或者个人立即采取措施消除隐患；不及时消除隐患可能严重威胁公共安全的，消防救援机构应当依照规定对危险部位或者场所采取临时查封措施。

第六十条　单位违反本法规定，有下列行为之一的，责令改正，处五千元以上五万元以下罚款：

（一）消防设施、器材或者消防安全标志的配置、设置不符合国家标准、行业标准，或者未保持完好有效的；

（二）损坏、挪用或者擅自拆除、停用消防设施、器材的；

（三）占用、堵塞、封闭疏散通道、安全出口或者有其他妨碍安全疏散行为的；

（四）埋压、圈占、遮挡消火栓或者占用防火间距的；

（五）占用、堵塞、封闭消防车通道，妨碍消防车通行的；

（六）人员密集场所在门窗上设置影响逃生和灭火救援的障碍物的；

（七）对火灾隐患经消防救援机构通知后不及时采取措施消除的。

个人有前款第二项、第三项、第四项、第五项行为之一的，处警告或者五百元以下罚款。有本条第一款第三项、第四项、第五项、第六项行为，经责令改正拒不改正的，强制执行，所需费用由违法行为人承担。

第六十八条　人员密集场所发生火灾，该场所的现场工作人员不履行组织、引导在场人员疏散的义务，情节严重，尚不构成犯罪的，处五日以上十日以下拘留。

三、《中华人民共和国防震减灾法》

《中华人民共和国防震减灾法》是为了防御和减轻地震灾害，保护人民的生命财产安全，促进经济社会可持续发展而制定的法律。该法对应急逃生与疏散有着以下规定：

第四十一条　城乡规划应当根据地震应急避难的需要，合理确定应急疏散通道和应急避难场所，统筹安排地震应急避难所必需的交通、供水、供电、排污等基础设施建设。

第四十四条　县级人民政府及其有关部门和乡、镇人民政府、城市街道办事处等基层组织，应当组织开展地震应急知识的宣传普及活动和必要的地震应急救援演练，提高公民在地震灾害中自救互救的能力。机关、团体、企业、事业等单位，应当按照所在地人民政府的要求，结合各自实际情况，加强对本单位人员的地震应急知识宣传教育，开展地震应急救援演练。学校应当进行地震应急知识教育，组织开展必要的地震应急救援演练，培养学生的安全意识和自救互救能力。新闻媒体应当开展地震灾害预防和应急、自救互救知识的公益宣传。国务院地震工作主管部门和县级以上地方人民政府负责管理地震工作的部门或者机构，应当指导、协助、督促有关单位做好防震减灾知识的宣传教育和地震应急救援演练等工作。

第五十条　地震灾害发生后，抗震救灾指挥机构应当立即组织有关部门和单位迅速查清受灾情况，提出地震应急救援力量的配置方案，并采取以下紧急措施：

（一）迅速组织抢救被压埋人员，并组织有关单位和人员开展自救互救；

（二）迅速组织实施紧急医疗救护，协调伤员转移和接收与救治；

（三）迅速组织抢修毁损的交通、铁路、水利、电力、通信等基础设施；

（四）启用应急避难场所或者设置临时避难场所，设置救济物资供应点，提供救济物品、简易住所和临时住所，及时转移和安置受灾群众，确保饮用水消毒和水质安全，积极开展卫生防疫，妥善安排受灾群众生活；

（五）迅速控制危险源，封锁危险场所，做好次生灾害的排查与监测预警工作，防范地震可能引发的火灾、水灾、爆炸、山体滑坡和崩塌、泥石流、地面塌陷，或者剧毒、强腐蚀性、放射性物质大量泄漏等次生灾害以及传染病疫情的发生；

（六）依法采取维持社会秩序、维护社会治安的必要措施。

第五十五条　县级以上人民政府有关部门应当按照职责分工，协调配合，采取有效措施，保障地震灾害紧急救援队伍和医疗救治队伍快速、高效地开展地震灾害紧急救援活动。

第五十六条　县级以上地方人民政府及其有关部门可以建立地震灾害救援志愿者队伍，并组织开展地震应急救援知识培训和演练，使志愿者掌握必要的地震应急救援技能，增强地震灾害应急救援能力。

四、《大型群众性活动安全管理条例》

为了加强对大型群众性活动的安全管理，保护公民生命和财产安全，维护社会治安秩序和公共安全，加强大型群众性活动的疏散与应急，制定了本条例。

第七条　承办者具体负责下列安全事项：

（一）落实大型群众性活动安全工作方案和安全责任制度，明确安全措施、安全工作人员岗位职责，开展大型群众性活动安全宣传教育；

（二）保障临时搭建的设施、建筑物的安全，消除安全隐患；

（三）按照负责许可的公安机关的要求，配备必要的安全检查设备，对参加大型群众性活动的人员进行安全检查，对拒不接受安全检查的，承办者有权拒绝其进入；

（四）按照核准的活动场所容纳人员数量、划定的区域发放或者出售门票；

（五）落实医疗救护、灭火、应急疏散等应急救援措施并组织演练；

（六）对妨碍大型群众性活动安全的行为及时予以制止，发现违法犯罪行为及时向公安机关报告；

（七）配备与大型群众性活动安全工作需要相适应的专业保安人员以及其他安全工作人员；

（八）为大型群众性活动的安全工作提供必要的保障。

第八条　大型群众性活动的场所管理者具体负责下列安全事项：

（一）保障活动场所、设施符合国家安全标准和安全规定；

（二）保障疏散通道、安全出口、消防车通道、应急广播、应急照明、疏散指示标志符合法律、法规、技术标准的规定；

（三）保障监控设备和消防设施、器材配置齐全、完好有效；

（四）提供必要的停车场地，并维护安全秩序。

第十九条　在大型群众性活动举办过程中发生公共安全事故、治安案件的，安全责任人应当立即启动应急救援预案，并立即报告公安机关。

第二十二条　在大型群众性活动举办过程中发生公共安全事故，安全责任人不立即启动应急救援预案或者不立即向公安机关报告的，由公安机关对安全责任人和其他直接责任人员处 5 000 元以上 5 万元以下罚款。

5.1.2　国外应急逃生法律

一、日本《灾害对策基本法》

日本位于地震和火山活动比较活跃的环太平洋变动带上，虽然国土面积仅占全球 0.25%，但地震的发生次数及活火山的分布数量比例很高，并容易发生台风、暴雨、暴雪等自然灾害。《灾害对策基本法》是日本防灾减灾体系的基本大法，也是日本应急方面的重要法律基础。该法是日本在总结 1959 年伊势湾台风灾害经验教训的基础上，经国会表决通过后于 1961 年 10 月 31 日颁布实施。

第七条　居民的职责

（1）地方公共团体区域内的公共团体、防灾上重要设施的管理者及其他法令规定的对防灾有职责的人，必须忠实地履行法令或是地区防灾计划所规定的职责。

（2）除前项规定的人员外，地方公共团体的居民，在防灾上要谋求自救手段，同时，要参加自发的防灾活动，努力为防灾做贡献。

第五十条　灾害应急对策

灾害应急对策是指当灾害已经发生或在有灾害发生可能的情况下采取的防范措施以及应急的救援行动等以防止灾害损失扩大为目的的行为。灾害应急对策的主要内容如以下各项所述。

（1）灾害警报的下达、传送以及避难劝告或避难指示的相关事项。

（2）防火、防洪及其他应急措施的相关事项。

（3）受灾者的抢救、援助及其他与保护措施的相关事项。

（4）设施及设备的紧急修复的相关事项。

（5）以上各项所述事宜以外的以防范灾害发生及防止灾害扩大为目的的各类相关措施。

第五十二条　防灾应急信号

（1）市镇村长用于下达和发送灾害警报、灾害警告以及避难劝告或避难指示的防灾专用信号的种类、内容、样式和方法由内阁府统一规定，其他法律法规另行规定的情况除外。

（2）任何人不得随意使用前款所述的防灾信号或与其类似的信号发布信息。

第六十条　市镇村长的避难指示等

（1）在存在灾害发生可能或灾害已经发生的情况下，市镇村长在认为确有必要的情况下为保护人员生命及身体不受伤害以及为防止灾害损失的扩大可以向有关地区和居民、暂住者及其他人员发出避难劝告要求其立即撤离；在紧急情况下，可以向上述人员下达避难指示命令其立即撤离。

（2）在市镇村长依照前款规定发出避难撤离的劝告或指示的情况下，市镇村长在确认必要的时候有权对撤离或避难地点做出指示。

（3）在市镇村长依照第一款规定发出避难撤离的劝告或指示，或进而指示撤离或避难地点后，应立即向所属都道府县知事报告指示的主旨。

第六十八条　市镇村长在该市镇村所辖区域内发生灾害的情况下，在确认有必要实施应急措施时，可向该市镇所属都道府县知事发出请求支援或实施应急措施的要求。

第七十六条　灾害应急期间的交通规则等

都道府县公安委员会在该都道府县或相邻都道府县又或相近都道府县所辖区域内发生灾害，或确实存在灾害发生可能时，为确保灾害应急对策能够切实、顺利地实施，在确认必要的情况下，依照行政命令的规定事项指定道路区间（在灾害已经发生或确实存在发生可能的场所及其周边地区）限制或禁止除紧急车辆外的车辆通行。

当警察官在通行禁止区域内认为车辆及其他物品已对紧急通行车辆的通过构成妨害，并由此对灾害紧急对策的实施造成显著影响时，有权命令该车辆及其他物品的所有者、占有者或管理者将该车辆或其他物品转移至附近的道路外的场所，或采取其他措施以确保紧急通行车辆能够顺利通过该通行禁止区域。

二、美国《灾害救济与紧急救助法》

美国国土面积广大，也经常面临各种自然灾害和人为事故的威胁。美国的应急体系被西方世界奉为楷模，被学者称为"得到最广泛承认、装备最精良、经济基础最雄厚"，"从各个方面来说都是世界一流的"。《灾害救济与紧急救助法》的前身是美国1974年制定的《灾害救济法》。该法规定了重大自然灾害突发时的应急逃生、救助原则及联邦政府在灾害发生时对州政府和地方政府的支持，适应于除地震以外的其他自然灾害。

第三条　联邦和州的灾难防御计划

总统应该为各州制定全面而可行的灾难防御计划时提供技术援助，其中包括为降低、缓解和避免危险在灾难后为个人、商业、州及地方政府提供的救助，以及为协助恢复在灾难中被破坏的公有和私有财产方面所提供的援助。

第四条　灾难警报

（一）联邦机构向州和地方官员发布警报之前，总统必须确保所有相应的联邦机构向州和地方官员发布灾难警报的工作已经准备就绪。

（二）总统应向特定的联邦机构向州和地方政府提供技术援助以确保它们可以得到及时有效的灾难警报。

（三）为了向受灾难威胁地区的政府当局和平民提供警报，总统有权使用，或向联邦、州及地方机构提供民防通信系统或任何其他联邦通信系统设施的使用权。

第九条　协调官

（一）一旦宣告了一个重大灾难或突发事件后，总统必须随即任命一名联邦协调官负责受灾地区的工作。

（二）联邦协调官的职责：

为了实现本法的目标，联邦协调官在受灾区必须组建必要的且经总统授权的现场办公室；协调各种救济管理，包括以下组织的活动：州和地方政府、美国红十字会、救援部队、宗教团体救灾队，以及其他同意在他的建议或指导下开展工作的灾难救济和救助组织。

第十六条　救助组织的使用和协调

根据本法，在提供救济和救助时，只要总统认为必要，征得同意后，药物、食品、补给的分发以及在重建、恢复工作当中，或是在社区服务、房屋和必要设备的重建中，他可以使用美国红十字会、救援部队和其他救济或灾难救助组织的人员或设施。

第三十五条　必需的基本救助

一般情况下联邦机构应该在总统的指挥下，提供应对重大灾难带来的对生命财产的直接威胁所必需的基本救助，包括：

1. 联邦性资源，通常有：将除名誉以外的属于联邦的器材、设备、补给、人员和其他资源借给或捐赠给州和地方政府。

2. 医药、食品和其他消耗品，通过州和地方政府、美国国家红十字会、救世军、门诺教灾难服务部和其他救助组织将医药、食品和其他消耗品及其他救助服务提供和分配给受灾者。

3. 在公共或私人陆地、水域，开展救护、保护财产和公共卫生安全的必要工作，包括：

（1）废墟的清理。

（2）搜救、紧急医疗护理、紧急疏散和紧急掩蔽以及食物、水、药品等基本需求的提供，还包括必需品的补给或人员的调遣。

（3）紧急作业和基本社区服务必需的道路清理和临时桥梁的搭建工作。

（4）学校等基本社区服务必需的临时设备的供应。

（5）威胁公众的不安全建筑的清除。

（6）更大危险的警告。

（7）向公众进行关于卫生安全措施方面信息和救助的宣传。

（8）在灾难管理和控制上向州和地方政府提出技术建议。

第五十条　紧急通信

在出现或预期出现了一个重大灾难或突发事件时，总统有权建立紧急通信系统，给州和地方政府官员以及其他他认为适合的人使用。

第五十一条　紧急公共交通

总统有权向受重大灾难影响的地区提供临时公共交通服务，以满足紧急需求；向政府办公室、供应中心、商店、邮局、学校、主要工作场所及其他必要的地方提供交通服务以尽量保证社区的正常生活。

第五十二条　消防救助

一般情况下总统有权提供救助（包括资金、器材、补给和人员）给州或地方政府，用于在重大灾难中受火灾威胁的公共或私有森林、草地上的火灾防御、处理和控制；在提供本条规定的救助时，总统必须与州和部落的森林管理部门协调；在提供本条规定的救助时，总统应当使用本法案第三十五条规定的权力。

三、新加坡《民防法》

新加坡是一个法治国家，拥有比较完备和健全的法律体系。1986 年 9 月，新加坡颁布施行《民防法》，从法律上明确了新加坡民防的地位、作用以及新加坡民防部队的职责和权力。该法律在第十一至十三章节对应急状态下的疏散与逃生做出了规定。

第一百零一条　以下人员可以进入或在有需要时闯入任何地方、建筑物、处所或土地或从妨碍该等行动的任何地方、车辆、结构或东西移走，并在合理需要的情况下使用武力，或强行闯入该等车辆，以方便移走该等物品。

（1）为警队提供紧急救护服务的紧急救护服务供应商的任何雇员，而该紧急救护服务供应商须履行与政府签订的合约。

（2）隶属于部队协助部队提供紧急救护服务的新加坡武装部队现役军人或国家军人。

第一百零三条　紧急情况下的特别权力

1. 在紧急状态或民防应急状态，专员或警员认为本节授权的以下行动是为实施民防措施或为保护人命或财产所必需的：

（1）指示任何人向该部队提供任何援助，以挽救处于紧急危险中的生命。

（2）妨碍民防行动的任何车辆、结构物或东西均可移走，为方便移走，可以使用合理必要的武力，也可以强行闯入此等车辆。

2．提供空间来安装规定的民防应急装置。专员可发出指示，要求任何有关处所的业主在指示期间内提供有关资料，而有关费用由业主承担：

（1）在该指示指明的处所内或其上的空间或设施。

（2）进入该场所，以在很大程度上协助专员安装规定的民防应急装置。

3．进入楼宇进行评估、维修及保养的权力。专员可以进入任何有关处所，评估该处所是否适合安装规定的民防紧急装置。

5.2　应急逃生标准规范

标准是对重复性事务和概念所做的统一规定，以科学、技术和实践经验的综合为基础，经过有关方面协商一致，由主管机构批准，以特定的形式发布，作为共同遵守的准则和依据。而规范是指明文规定或约定俗成的标准。国家标准规范对于生产与管理的规范化具有十分重要的指导作用。

5.2.1　我国应急逃生标准规范

我国制定的各种标准和规范中，有许多都或多或少涉及了应急疏散与逃生，这些条文对于应急疏散与逃生的实施以及设备和技术有着极其重要的作用。

一、《建筑设计防火规范》

建筑方面有许多标准与规范都涉及了应急疏散与逃生，目前我国通行的《建筑设计防火规范》（GB 50016—2014，2018年版）较为系统地规定了防火以及疏散方面的内容。相关条款见表5.1。

表 5.1 　　　　　《建筑设计防火规范》相关条款

章节	条款	具体内容
2.1 术语	2.1.13 ～ 2.1.17	避难层、安全出口、封闭楼梯间、防烟楼梯间以及避难走道的术语定义
3.7 厂房安全疏散	3.7.1	厂房安全出口布置，相邻两安全出口不小于 5 m
	3.7.2	厂房防火分区安全出口布置；设置一个出口的条件
	3.7.3	地下或半地下厂房的布置规定
	3.7.4	厂房任一点至最近安全出口的直线距离规定
	3.7.5	疏散楼梯、走道、门的总净宽度的确定
3.8 仓库安全疏散	3.8.1	仓库安全出口布置，相邻两安全出口不小于 5 m
	3.8.2	出口数量不小于两个，仓库占地面积 ≤ 300 m^2 或防火分区面积 ≤ 100 m^2，可设一个
	3.8.3	地下或半地下仓库的布置规定
5.5 民用建筑的安全疏散与避难	5.5.1 ～ 5.5.7	一般要求：民用建筑根据建筑高度、规模、使用功能进行安全疏散与避难设施的设置；同时规定了安全出口和疏散门的位置、数量、宽度及疏散楼梯间的形式
	5.5.8 ～ 5.5.15	公共建筑的安全出口、疏散楼梯、疏散楼梯间、疏散门的设置规定
	5.5.16	剧场、电影院、礼堂和体育场馆的疏散门设置规定
	5.5.17	公共建筑安全疏散距离的规定
	5.5.18 ～ 5.5.21	不同类型公共建筑疏散门、安全出口、疏散楼梯、疏散走道总净宽度的相关规定
	5.5.23	公共建筑避难层设置的规定
	5.5.24	公共建筑避难间设置的规定

章节	条款	具体内容
6.4 疏散楼梯间和疏散楼梯等	6.4.1 ~ 6.4.4	建筑内疏散楼梯间、封闭楼梯间、防烟楼梯间应符合的规定
	6.4.5 ~ 6.4.9	建筑内疏散楼梯应符合的规定
	6.4.11	建筑内疏散门应符合的规定
	6.4.14	建筑内避难走道应符合的规定

二、《消防应急照明和疏散指示系统技术标准》

应急照明和疏散指示系统是现代公共建筑及工业建筑的重要安全设施，它同人身安全和建筑物安全紧密相关。当建筑物因发生火灾或其他灾难而导致电源中断时，应急照明和疏散指示系统对人员疏散、被困人员逃生以及消防救援工作都起到重要的作用。

为了合理设计消防应急照明和疏散指示系统，保证消防应急照明和疏散指示系统的施工质量，确保系统正常运行，制定本标准。该标准适用于建、构筑物中设置的消防应急照明和疏散指示系统的设计、施工、调试、检测、验收与维护保养。相关条款见表 5.2。

表 5.2　《消防应急照明和疏散指示系统技术标准》相关条款

章节	条款	具体内容
2 术语	2.0.1 ~ 2.0.12	对应急照明和疏散指示系统中相关组成设备的定义进行规定，例如，消防应急照明灯具、消防应急标志灯具等

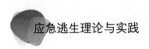
续表

章节	条款	具体内容
3.2 灯具的设计	3.2.1 ~ 3.2.2	不同情况下灯具的选择与设置原则应符合的相关具体规定
	3.2.3	火灾状态下，灯具应急点亮、熄灭的响应时间应符合的规定
	3.2.4	灯具在蓄电池供电时的持续工作时间应符合的要求
	3.2.5	照明灯采用多点均匀的布置方式，建筑物设置照明灯的部位或场所疏散路径水平最低照度应符合的相关规定
	3.2.8 ~ 3.2.10	系统应急照明出口标志灯与方向标志灯的设置应符合的相应规定
3.8 备用照明设计	3.8.1 ~ 3.8.2	应当设置备用照明设计的场所以及设计应当负荷的规定
4.5 应急灯具的安装	4.5.1 ~ 4.5.5	一般规定，主要为应急灯具安装在不同位置时应当满足的相关规定
	4.5.6 ~ 4.5.7	应急照明灯具安装应当符合的相关规定
	4.5.8 ~ 4.5.12	出口标志灯具以及方向标志灯具安装应满足的规定
6 系统检测与验收	6.0.2	应急照明和疏散指示系统的检测、验收对象、项目以及数量方面的相关规定
	6.0.5	应急照明和疏散指示系统检测、验收结果判定准则应符合的相关规定
7 系统运行维护	7.0.5	系统部件以及系统的功能进行检查时应符合的相关规定

三、《火灾自动报警系统设计规范》

火灾自动报警系统在火灾初期，将燃烧产生的某些物理量，通过火灾探测器变成电信号，传输到火灾报警控制器，并同时以声或光的形式通知整个楼层进行逃生疏散，能够最大限度地减少因火灾造成的生命和财产的损失。本规范适应于新建、改建与扩建建筑物中火灾自动报警系统的设计与布置。

《火灾自动报警系统设计规范》（GB 50116—2013）中与应急逃生相关的条款见表 5.3。

表 5.3 《火灾自动报警系统设计规范》相关条款

章节	条款	具体内容
4 消防联动控制设计	4.2.1 ~ 4.2.4	湿式系统、干式系统、预作用系统、雨淋系统、自动控制的水幕系统进行联动控制时应符合的相关规范
	4.3.1 ~ 4.3.3	消火栓系统的联动控制方式与手动控制方式应符合的相关规定
	4.4.2 ~ 4.4.4	气体灭火控制器、泡沫灭火控制器直接或间接连接火灾探测器时，气体灭火系统与泡沫灭火系统的自动控制方式应当符合的规定
	4.5.1 ~ 4.5.4	防烟排烟系统进行联动控制方式以及手动控制方式时应符合的规定
	4.6.1 ~ 4.6.4	防火门及防火卷帘联动控制设计应符合的规定
	4.7	电梯的联动控制设计应符合的规定
	4.8.1 ~ 4.8.5	火灾警报系统联动控制的相关规定
	4.8.6 ~ 4.8.12	消防应急广播系统联动控制的相关规定
	4.9	消防应急照明和疏散指示系统联动控制的相关规定

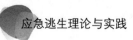
续表

章节	条款	具体内容
6 系统设备的设置	6.6	消防应急广播设置的规定，包括扬声器的功率、距离、音量以及设置高度等内容
	6.7	消防专用电话的设置规定，包括电话分机设置的距离、高度等内容
7 住宅建筑火灾自动报警系统	7.3 ~ 7.5	住宅建筑火灾探测器、火灾报警器以及火灾声警报器的设置规定
	7.6	住宅建筑内应急广播设置的相关规定，包括扬声器的覆盖楼层，备用电池等方面的规定

四、防火门、防火窗、防火卷帘相关标准

防火门、防火窗以及防火卷帘这类的防火设施，可以在火灾时起到一定的防火、隔火的作用，可以有效地阻止火灾的蔓延，保证人员的疏散与逃生，保障生命以及财产的安全，是不可缺少的防火设施。此类设施的选择、使用安装以及维护都应遵循国家相关的标准与规范，我国相继出台了一系列标准来规范此种防火设施的使用与设置，例如，《防火门》（GB 12955—2008）、《防火窗》（GB 16809—2008）以及《防火卷帘》（GB 14102—2005）等。

《防火门》适用于平开式木质、钢质、钢木质防火门和其他材质防火门。《防火窗》适用于建筑中具有采光功能的钢质防火窗、木质防火窗和钢木复合防火窗。《防火卷帘》适用于具有防火、防烟功能的防火卷帘。相关条款见表5.4 ~表5.6。

表5.4 《防火门》相关条款

章节	条款	具体内容
3 术语和定义	3.1 ~ 3.8	对各种防火门的术语与定义进行了规定，包括平开式防火门、木质防火门、钢质防火门等
5 防火门要求	5.2	对防火门的材料进行了规定，例如，填充材料、木材、人造板、钢材以及黏结剂应当遵循的规定
	5.3	对防火门的防火锁、防火合页、防火闭门装置等配件的要求进行了规定
	5.5 ~ 5.8	防火门的门扇质量、形位公差、尺寸极限偏差以及配合公差应当遵循的规定
	5.11	防火门的耐火性能应符合的规定
6 防火门试验方法	6.3 ~ 6.12	防火门的材料、配件、加工工艺和外观质量、门扇质量、尺寸公差、形位公差、配合公差、灵活性、可靠性以及耐火性能的试验方法应当符合的规定
7.2 型式检验	7.2.1	规定了防火门的检验项目以及检验顺序

表5.5 《防火窗》相关条款

章节	条款	具体内容
3 术语和定义	3.1 ~ 3.6	对与防火窗相关内容的术语与定义做出了规定，其中包括固定式防火窗、活动式防火窗等内容
7 防火窗要求	7.1	防火窗的外观质量、防火玻璃、尺寸偏差、抗风压性能以及气密性能和耐火性能应符合的规定
	7.2	活动式防火窗的热敏感元件、尺寸允许偏差以及可靠性应当符合的规定
8 试验方法	8.2 ~ 8.13	防火窗的外观质量、热敏元件、尺寸偏差、接搭宽度偏差、窗扇扭曲度、抗风压性能、气密性能、可靠性以及耐火性能的试验方法应当符合的规定
9.2 型式检验	9.2.4	防火窗型式检测判定准则的规定

表 5.6 《防火卷帘》相关条款

章节	条款	具体内容
3 术语与定义	3.1 ~ 3.3	对防火卷帘的相关术语与定义进行了规定，包括钢质防火卷帘、无机纤维复合防火卷帘和特级防火卷帘
6 防火卷帘要求	6.1 ~ 6.4	防火卷帘的外观质量、材料、零部件和性能方面的要求应当符合的规定
7 试验方法	7.1 ~ 7.4	对防火卷帘的外观质量、材料、零部件和性能要求等内容的试验方法进行了具体详尽的介绍
8 检测规则	8.2	对检测项目进行了规定；对应进行型式检测的情况进行了规定

5.2.2 国外应急逃生标准规范

除了国内相继出台发布的一系列标准规范来指导应急逃生与疏散外，国外各个国家对应急逃生与疏散也十分重视，有关标准中很大一部分内容是与应急逃生和疏散相关的，以下将选取几个国家的标准规范进行说明。

一、美国 NFPA1983—2018

《逃生应急装置之安全绳索及系统组件标准》(Standardon Life Safety Ropeand Equipment for Emergency Services) 由特种作业防护服和装备技术委员会编写，由消防和紧急服务防护服和装备技术相关委员会发布。该标准分为八章共四十四节，相关的条款内容见表 5.7。

表 5.7   **NFPA1983—2018 相关内容**

章节	条款	具体内容
1 管理	1.1 ~ 1.4	规定了本标准的适用范围、目的以及应用程序
3 术语与定义	3.3	规定了常见的应急逃生安全绳索及其相关组件，包括安全带、逃生安全绳等内容
4 产品的认证	4.1 ~ 4.8	分别规定了认证程序、产品检验和测试、制造商的质量保证程序、制造商对投诉及退货的调查以及制造商的安全警报和产品召回系统等内容
5 产品信息	5.1	规定了安全带、安全绳等产品的标签要求，主要包括标签的设置、标签文字及图示以及文字的大小等信息
	5.2	主要规定了应急逃生产品的制造商家需要向用户提供的信息
6 器材的设计与使用	6.1 ~ 6.6	规定了安全逃生绳、安全带等产品的穿戴位置、产品构造以及部件要求
7 性能要求	7.1 ~ 7.6	分别规定了逃生绳、抛线、生命安全带、皮带和辅助设备性能方面的要求，这些要求包括器材的强度、拉伸与断裂应力、材质、延伸率等方面的内容
8 试验方法	8.2	规定了进行试验时产品的取样要求
	8.3 ~ 8.11	规定了9种不同的试验方法，分别是静态试验、坠落试验、锁扣与拉环应力试验、功能拉伸试验、断裂强度试验、耐腐蚀试验、浮动性试验（仅适应于抛掷线）、标签耐久性试验和制动保持试验；同时在每一节的具体内容中规定了该试验的适用范围、样本的取样、实验装置与过程、试验的具体要求等

二、日本 JISC8105—2—22

《应急照明器》是以日本的工业标准化法规作为指导而制定的，用于规范紧急状态下的应急照明装置的使用与设计。而应急照明装置同时对于人员的应急疏散与逃生息息相关，具有十分密切的相互联系。相关条款内容见表 5.8。

表 5.8　　　　　　　　　　　**JISC8105—2—22 相关内容**

章节	条款	具体内容
1 范围		本标准适用于 1 000 V 以下的应急电源和使用电光源，并配备避难照明、高度危险工作区照明待机照明等非常时期使用的照明器具
3 术语和定义	3.1 ~ 3.6	对于应急逃生相关的概念定义进行了规定，包括应急照明、紧急疏散照明、备用照明和应急灯具等内容
7 构造	7.1 ~ 7.5	规定了紧急照明设备构造方面的相关规定
13 耐久性试验与温度试验	13.1 ~ 13.7	规定了电池内置型的应急照明灯具的耐久性试验和温度试验的条件和内容
16 耐热性与耐火性		规定了应急照明灯具的耐热性、耐火性与耐跟踪性的相关内容
19 高温动作		规定了应急照明灯具高温操作的相关要求
21 紧急启动		规定了应急灯具紧急启动的相关操作与要求

三、英国 BS5266—1—2016

《应急照明第 1 部分：建筑物应急照明工作守则》是由英国 BSI 机构出版的标准规范。该标准用于建筑物应急照明工作的开展与实施，同样对人员的疏散和应急逃生起到非常重要的指导作用。相关条款内容见表 5.9。

表 5.9 BS5266—1—2016 相关内容

章节	条款	具体内容
1 范围		规定了本标准的适用范围，用于建筑物内的应急照明装置
3 术语和定义	3.2 ~ 3.18	规定了一系列的相关概念与定义，例如，中央供电应急灯具、安全出口、应急照明、逃生路线等
5 应急条件下的照明	5.2	紧急逃生照明的相关规定，利用较大篇幅对紧急逃生照明的设计条件、逃生路线的确定、不同位置灯具的布置、安全标志等内容进行了具体的规定和说明
	5.3	对建筑物内应急安全照明的最低照度和配套的安全标志进行了规定与说明
6 应急照明设计	6.1 ~ 6.6	规定了应急照明系统的完整性、灯具故障、灯具的安装高度和间距等内容
	6.7	规定了应急照明系统的选择、分类和照明时间
9 典型场所的应用	9.2 ~ 9.11	分别规定了不同场所紧急逃生与安全照明的应用，其中包括住宿场所、疗养场所、娱乐场所、教学场所、工业建筑、停车场以及体育场馆等
12 检查与试验		规定了应急照明系统的例行检查与试验，同时对注意事项加以说明

　　由此可见，不管是国内还是国外，不同的机构或者是官方政府都出台了一系列涉及安全疏散与应急逃生的标准与规范。这些标准规范对于应急逃生产品的布置与使用，对于紧急状态下人员的疏散和逃生都具有十分重要的规范和指导作用，能够在一定程度上减少人员的伤亡和经济财产的损失。

6 应急研究的理论基础

6.1 火灾人员疏散行为及心理特征

6.1.1 行为

行为是为了满足一定的目的和欲望而采取的活动态度，简单地说就是人们的日常活动，如竞争、合作、羊群、惯性、恐慌、自私、小群体等行为。人的行为受心理、认知、所处环境等因素的影响，在没有特殊情况发生时，人们往往表现出舒适、放松、按部就班的行为，而当人们在公共聚集场所遇到突发事件时，由于其具有突发性、复杂性、多样性、连锁性、严重性、放大性和不确定性等一系列特点，人群行为与正常情况下的行为迥然不同。火灾中，因人员的生理特征、认知水平、社会关系及火灾环境等因素影响，疏散行为呈现出极大差异，如在密集的公共建筑场所中人员在面临不可预见性的火灾时（包括浓烟、高温、有毒气体）会表现出应激行为，如恐慌行为、重返行为、灭火行为和穿过烟气行为、竞争行为等。研究结果表明：突发火灾时，疏散过程中多数人将表现出明显的竞争（约69%）、避让（约62%）、合理的冒险认知（约85%）、恐慌（约90%）和"自私"行为（约71%）。

目前人们在火灾疏散中表现出的行为可总结为："羊群"行为、合作行为、竞争行为、适应性与非适应性疏散行为、恐慌性疏散行为、重返行为、灭火行为、穿越烟气行为、趋熟性行为、向地性行为。各行为名词具体解释如下：

（1）"羊群"行为：决策者倾向于把自己作为个体的能力放在一边，通过把对自己行为的控制权转移给他人来作为群体的一部分。

（2）合作行为：在遇到突发性事件时，个人与个人、群体与群体之间为达到共同目的（即逃生到安全的地方），彼此相互配合的一种联合行动、方式。

（3）竞争行为：发生事故时，人们的目标一致即为了及时逃生寻找到安全位置，在逃跑过程中先于对方的心理需要和行为活动。

（4）适应性与非适应性疏散行为：适应性行为是指行为反应的结果降低了风险的行为，非适应性行为是指个人行为的疏忽而导致了风险加大等负面效果的行为。

（5）恐慌性疏散行为：人员在火灾情况下由于恐慌盲目跟从，进而造成拥挤、踩踏等危险。恐慌性疏散行为也是火灾下的非适应性行为，通常具有以下特征：

1）拥挤：人员在发生火灾后，由于不能及时得到正确的疏散指挥，进而在建筑物的疏散楼梯口、疏散通道及出入口等处相互拥挤，发生踩踏的疏散行为。

2）从众：人员在发生火灾后，疏散人员盲目跟从的疏散行为。

3）趋光：人员在发生火灾后，由于烟气扩散造成建筑物内可见度低等原因，不按指示的逃生线路而奔向窗口等具有光线的地方的疏散行为。

4）归巢：人员在大空间建筑发生火灾后，在躲避本能的驱使下，选择狭小封闭空间躲藏的行为。

（6）重返行为：已安全离开火灾现场的人员再进入的疏散行为。再进入的主要原因有抢救个人财物、进入现场灭火、查看现场火势、帮助别人疏散等。再进入行为是在人员清醒状态下，有目的的疏散行为，不是非适应性行为。

（7）灭火行为：利用可用的灭火方式进行灭火。疏散过程中出现灭火行为的主要为三种人群：一是火灾现场涉及个人财物、亲人或因其他个人感情原因而进行灭火的人员；二是采取灭火行为的人员接受过相应的训练或专门的培训；三是被指派进行灭火任务的人员。

（8）穿越烟气行为：人员在疏散过程中从烟气中穿越的行为，这种行为与人员的灭火行为或告知他人火灾状况的行为有关。

（9）趋熟性行为：在复杂危机的环境下，人员往往会非常紧张，难以冷静思考，会选择自己最为熟悉、活动频率最高的路线来进行疏散。

（10）向地性行为：火灾时人员认为地面是最安全的地方，急切地想要从楼层到达地面，如果通道受阻，就会不自觉地选择不理性的行为，如跳楼。

6.1.2　心理

人的行为是心理结合动机的结果，在突发状况下心理支配行为，行为反映心理。火灾中，因人群聚集不能摆脱困境时，会产生急躁、易怒、情绪易失控等状况。在事故带来的紧迫性压力下，人们的这些非适应性心理会导致人员在逃生过程中做出非理性的决策，如恐惧、惊慌心理会导致恐慌行为，侥幸心理会促使人们表现出冒险行为等。

几种典型的心理定义如下：

（1）恐惧心理：恐惧心理是人们在遇到危险时由于自身或群体缺乏应付、摆脱可能造成人身伤害的力量或能力而引起的。在建筑物火灾产生的高温、烟气、火焰等因素的影响下，火灾中的人员势必会感觉到生命受到威胁，进而产生恐惧心理。

（2）惊慌心理：惊慌心理是人在特定环境条件下，由于急躁、焦虑等因素引起的。由于建筑物火灾具有突发性的特点，因此，一旦建筑物发生火灾，人们没有充足的时间做好火灾疏散的心理准备，进而产生惊慌心理。

（3）冲动心理：冲动心理是由于外界环境的刺激引起的。火灾的特殊环境使得人们的忍耐程度达到了极限，为了尽快逃离火场确保生命安全，难免会有一些冲动的想法。

（4）侥幸心理：侥幸心理是人们在特殊环境下的一种趋利避

害的投机心理。火灾发生后，一些人不及时报警和疏散，而是心存侥幸，认为火灾不会威胁到生命安全。

（5）从众心理：从众心理是指人们在没有主见的情况下，寄希望于跟随人流离开特殊环境的心理反应。一旦建筑物发生火灾，绝大多数人不知道该采取什么样的措施能够尽快离开火场，心里十分恐惧。在混乱的火灾环境下，人流变成了疏散人员的逃生方向。

6.1.3 影响人员疏散行为与时间的因素

建筑在遭遇突发性的火灾时，影响人行为、心理状态以及疏散时间的因素是多方面的，学者们在研究火灾中人的行为模式及疏散时间时会选取不同的因素，此外在建立疏散模型时变量的选择也需要考虑不同的影响因素。如人员身体素质、文化水平、建筑物结构、安全疏散通道及消防设施、火灾发展趋势、火灾产物、面临不同危险局面等因素都会影响人员疏散能力及时间。典型的影响结果如：在性别方面，女性比男性更愿意相信疏散指示标识，也更容易表现出从众行为；在疏散教育培训影响方面，疏散培训频率越高，人员疏散意识越好；在是否会发生折返方面，84%的人表示火场中存在家人时会折返，而75%的人则表示存在贵重物品时将不会折返。

火灾情况下人员疏散过程极其复杂，从人、环境、管理角度考虑，疏散情况可总结为受到人员个体特质、人群行为、火灾环境、建筑设计、应急管理五方面的相互影响。具体影响人员疏散行为以及疏散时间因素见表6.1。

表 6.1　　　　　　　　　人员疏散行为及疏散时间影响因素

影响因子	个体特质	人群行为	火灾环境	建筑设计	应急管理
具体因素	性别、体质、性格、经历以及教育程度等	"从众"现象和"情绪感染"现象	高温、有毒性气体、热气流	建筑布局、建筑功用、消防设施配置状况	管理人员安全培训、消防制度建设、应急方案制定等

6.2　疏散模型

随着计算机技术的发展与应用，国内外专家在火灾疏散研究中提出了很多数学模型来研究人的疏散行为。当前存在的疏散模型可以分为宏观疏散模型和微观疏散模型两类。

宏观疏散模型将人群视为一个整体，人群之间的每个个体不存在差异，影响疏散最主要的因素是人群的密度分布，而建筑物的空间结构则简化为一个图，以模拟疏散的状况。典型的宏观模型有蚁群算法、流体力学模型等。这类模型通常被用于模拟存在大量人群的场所（如大型足球场）。

微观模型则是对人群中的每个个体进行单独的计算，对人群中的个体进行了区分。通过考虑每个个体的移动速度、体积大小、移动方向等参数对疏散进行模拟。微观模型可以分为连续型模型和离散型模型。连续型模型在空间和行为的刻画上较离散模型要更为细致，但其在仿真实体规模上有所限制，只能仿真有限规模的场景，其最具代表性的是社会力模型和磁场力模型。离散型模型对空间和时间的离散化处理，可以减少仿真过程中的计算量，因为其规则简单，运算速度快，适合大规模的仿真场景。典型的微观模型有元胞自动机模型、格子气模型、排队网络模型、成本—效益模型等疏散模型。

6.2.1 蚁群算法模型

一、定义及模型建立

由意大利学者 Dorigo 提出的蚁群算法属于仿生算法的一种宏观模型，由于该算法具有良好的分布式计算、正反馈催化以及高度并行性的优点，非常适用于选择及优化路径问题。蚂蚁会趋于选择信息素浓度较高的路径，蚁群会在这一正反馈的机制下逐渐集于这条路径，该路径即为最优解。

蚁群算法是模拟自然界蚁群觅食寻路过程最短路径搜索的原理，而建立的一种新型优化算法。蚁群算法的实现，通过人工蚂蚁模拟蚁群行为，使其和自然界的蚁群一样有共同的目标，有相互协作的正反馈机制等。

基于最短路径搜索原理建立数学模型为：建立网格环境函数 $G(N, R, \tau_0)$，N 为节点集合，$N=\sum_{i=1}^{n}N_i$；R 为可通行节点间路径集合；τ_0 为环境初始信息素分布。m 为蚂蚁总数，$m=\sum_{i=1}^{n}b_i(t)$，$b_i(t)$ 为 t 时刻第 i 个节点中蚂蚁的数量。蚂蚁 k（$k=1$，2，$\cdots$，m）在共计 $K=NC_{max}$ 次的迭代过程中，除按照之前蚁群留下的信息素浓度进行概率选择外，还要将已走过的节点更新进禁忌表 $tabu_k$（$k=1$，2，$\cdots$，m）中。对于选择概率，按照下式计算：

$$P_{ij}^k(t) = \begin{cases} \dfrac{[\tau_{ij}(t)]^\alpha[\eta_{ij}(t)]^\beta}{\sum_{k\in allowed_k}[\tau_{ij}(t)]^\alpha[\eta_{ij}(t)]^\beta} & if \quad j\in allowed_k \\ 0 \quad otherwise \end{cases} \quad (6.1)$$

式中　$P_{ij}^k(t)$——t 时刻下蚂蚁 k 从第 i 个节点移动至第 j 个节点的概率；

$\tau_{ij}(t)$——t 时刻下节点 i、j 间的信息素浓度；

α——信息启发因子，表征信息素对蚂蚁选择概率的重要程度；

β——期望启发因子，表征期望值对蚂蚁选择概率的重要程度；

allowed$_k$——蚂蚁 k 在下一时刻的可行节点集合。

启发函数 $\eta_{ij}(t)$ 表示 t 时刻蚂蚁从第 i 节点移至第 j 节点的期望值：

$$\eta_{ij}(t) = \frac{1}{d_{ij}} \qquad (6.2)$$

式中　d_{ij}——（i，j）路段的几何长度。

可以看出，启发函数中路段长度对蚂蚁选择的概率大小起到重要作用。

二、优点及存在的问题

1. 优点

（1）较强的鲁棒性。模型稍加修改，便可以应用于其他问题。

（2）蚁群算法是一种概率型的全局搜索算法。在蚁群算法中蚂蚁的移动方向由信息素浓度和路径长短所决定，这种概率性的转移规则可以最大限度提高算法的全局搜索能力。

（3）易于与其他方法结合。该方法可以与多种启发式算法结合，以改善算法的性能。

2. 存在的问题

（1）算法停滞和局部收敛。经典蚁群算法在进化过程中出现相同解时，容易出现局部最优路径搜索和算法优化停滞的现象，从而无法达到最佳疏散路径规划的目的。

（2）计算时间较长，无法实现在多条路径中选择最佳的一条，只有将所有节点进行遍历，花费大量的时间后才能实现最佳路径的规划。

6.2.2 流体力学模型

一、定义及模型建立

为了弄清楚特大人群的步行者流动机理，Hugher 提出了"思考流体"的概念，即将流动的人群看成具有思维的流动流体，导出了控制步行者两维流动的运动方程，建立了流体力学模型，其也是属于宏观模型的一种。在中等及高密度人群条件下，人群流动类似于连续流体的流动，在密度足够大时，人群流动也会呈现出类似于流体流动的层流现象，甚至当人群流动紧急推进时，还会出现人群激波。

基于高密度人群流动的上述特征，Hugher 的流体力学模型主要基于以下三点假设：

（1）在高密度条件下，将人流作为连续流体对待，于是得到连续方程：

$$\frac{\partial \rho}{\partial t}+\frac{\partial}{\partial x}(\rho u)+\frac{\partial}{\partial x}(\rho v)=0 \qquad (6.3)$$

（2）由于人是具有思维的"流体"，对自身的前进目的地有相对比较合理的判断，此外人还会根据目前人群流动的状态粗略估计前往目标的剩余距离及所需的剩余时间。这样，就可以引入"势"的概念（用 ϕ 来表示）。ϕ 仅是一种抽象的物理量度，表示了人对自身距离前往目标的度量。ϕ 越高表示人距离前进目标越远，ϕ =0 则意味着人已经达到目标。

基于这一假设，可以知道人们为了以最短的时间到达目的地，必然会垂直于等势线的方向前进（即沿着 $\Delta\phi$ 的方向前进），相较于其他弯曲的前进，垂直于等势线的方向前进意味着相同行程内势减小得更快，接近目标也就越快，于是得到速度方向的表达式：

$$u=f(\rho)\widehat{\emptyset}_x,\ v=f(\rho)\widehat{\emptyset}_y \qquad (6.4)$$

$$\widehat{\emptyset}_x=\frac{\dfrac{\partial\emptyset}{\partial x}}{\sqrt{\left(\dfrac{\partial\emptyset}{\partial x}\right)^2+\left(\dfrac{\partial\emptyset}{\partial y}\right)^2}},\ \ \widehat{\emptyset}_y=\frac{\dfrac{\partial\emptyset}{\partial y}}{\sqrt{\left(\dfrac{\partial\emptyset}{\partial x}\right)^2+\left(\dfrac{\partial\emptyset}{\partial y}\right)^2}} \qquad (6.5)$$

其中，$f(\rho)$ 表示速度的大小，$\widehat{\emptyset}_x$、$\widehat{\emptyset}_y$ 分别表示速度在 x 和 y 两个方向的余弦。式中分子取负号意味着人沿着势降低的方向前进，越接近目标势越低，到达目标时势减小至零。

（3）在用一条等势线上的行人在经过相同的时间后，还在一条（另外一条）等势线上。根据 ϕ 的定义，它也可以作为行人距离前往目标的剩余时间的量度，所以两等势线之间的时间差也是相同的，即等势线间的距离和人的速度成正比，于是得到下面公式：

$$\frac{1}{\sqrt{\left(\dfrac{\partial\emptyset}{\partial x}\right)^2+\left(\dfrac{\partial\emptyset}{\partial y}\right)^2}}=g(\rho)\sqrt{u^2+v^2} \qquad (6.6)$$

其中，$g(\rho)$ 是对极高人群密度条件下的修正，由于这时难以保证行人能清晰地了解自己的处境，因此，难以保证行人的前进方向垂直于等势线。在密度不是很高的条件下，为了方便，我们假定人可以准确地沿着等势线前进，$g(\rho)=1$。

考虑流场中两个相距很近的点 A、B，它们在 x、y 方向上的距离分别为 d_x 和 d_y，如图 6.1 所示。设 A、B 两点间的势差为 $d\phi$，我们还可认为人从 A 所在的等势线走到 B 所在的等势线需要的时间即为 $d\phi$。但在两条等势线之间行走时，人的前进方向并不是沿着直线 AB 的方向，而是沿着 AC 方向前进，即垂直于等势线的方向，于是得到人的行进距离为：

$$d_l = d_x \cdot \cos \alpha + d_y \cdot \sin \alpha \qquad （6.7）$$

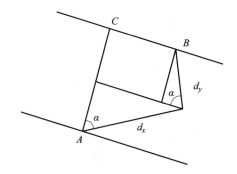

图 6.1　流体模型的推导示意图

将 $\cos \alpha = \dfrac{\dfrac{\partial \phi}{\partial x}}{\sqrt{\left(\dfrac{\partial \phi}{\partial x}\right)^2 + \left(\dfrac{\partial \phi}{\partial y}\right)^2}}$，$\sin \alpha = \dfrac{\dfrac{\partial \phi}{\partial y}}{\sqrt{\left(\dfrac{\partial \phi}{\partial x}\right)^2 + \left(\dfrac{\partial \phi}{\partial y}\right)^2}}$ 代入式（6.7）

中，可得

$$d_l = \frac{d\phi}{\sqrt{\left(\dfrac{\partial \phi}{\partial x}\right)^2 + \left(\dfrac{\partial \phi}{\partial y}\right)^2}} \qquad （6.8）$$

因此，可以得到：

$$d_l = d\phi \cdot f(\rho) \qquad （6.9）$$

由 6.8、6.9 两个公式可以得到：

$$f(\rho) = \frac{1}{\sqrt{\left(\dfrac{\partial \varnothing}{\partial x}\right)^2 + \left(\dfrac{\partial \varnothing}{\partial y}\right)^2}} \qquad (6.10)$$

由上面的推导可以得到人群流动的控制方程：

$$\begin{cases} -\dfrac{\partial \rho}{\partial t} + \dfrac{\partial}{\partial x}\left[\rho g(\rho)f^2(\rho)\dfrac{\partial \varnothing}{\partial x}\right] + \dfrac{\partial}{\partial y}\left[\rho g(\rho)f^2(\rho)\dfrac{\partial \varnothing}{\partial x}\right] \\ \qquad\qquad g(\rho)f(\rho) = \dfrac{1}{\sqrt{\left(\dfrac{\partial \varnothing}{\partial x}\right)^2 + \left(\dfrac{\partial \varnothing}{\partial y}\right)^2}} \end{cases} \qquad (6.11)$$

在上述模型中，$f(\rho)$ 是表示速度大小的函数，因此，具有如下性质：

① $f(0)$ 的取值是有上限的，即在人群密度为零、空旷的环境下行人的速度可以取到最大值。

② $f(\rho_{max}) = 0$ 时，表示人群密度大到无法前进，此时速度为零。

③ $\dfrac{df(\rho)}{d\rho} \leq 0$，随着人群密度的不断增大，行人前进中受到的阻碍也越来越大，行人速度逐渐减小。

$f(\rho)$ 的取法有多种，一般可以用公式 $f(\rho) = A - B\rho$ 来表示，其中 A 表示行人速度的最大值，B 表示行人无法前进时人群密度的取值，根据实验统计的结果，一般取 $A = 1.4$，$B = 0.25$，该取值表示当人群密度趋于零时，人在空旷的环境中自由前进的最大速度是 1.4 m/s，当人群密度达到 5.6 人 /m² 时，行人的前进速度达到零，即人无法前进。

111

$g(\rho)$ 是高密度人群条件下对式（6.11）的修正，它有如下性质：

① $g(\rho) > 1$，即在人群密度很高的条件下行人必须绕弯前进才能到达下条等势线，而不能直接垂直于等势线的方向前进。

② $g(\rho) = 1$，表示人群密度相对较低，行人可以准确沿着最近的路径前进，从而保证沿着等势线的方向前进，在最短的时间内达到目标。

边界条件的取法如下：

①对于固体墙壁边界，则 $\frac{\partial \phi}{\partial n} = \frac{\partial \phi}{\partial x} n_x + \frac{\partial \phi}{\partial x} n_y = 0$，表示人不能直接"穿墙而过"。

②出口边界，$\phi = 0$，表示只要到达出口即完成前进目标。

二、优点及存在的问题

1. 优点

（1）可模拟高密度密集人群。

（2）适用范围广，可用于由多种类型的行人组成的人群。

2. 存在的问题

方程假设条件有所限制。

6.2.3 社会力模型

一、定义及模型建立

社会力模型可以模拟行人对环境刺激的反应，综合考虑在实际疏散过程中可能出现的诸如行人冲撞、相互挤压、恐慌情绪等因素。因此，社会力模型能够成功模拟人群疏散中出现的行人带、出口堵塞、拱形分布、"快即是慢"等典型现象，是一种典型的微观连续型模型。

社会力模型是目前较为公认的行人动力学模型。该模型在分子动理论的基础上，提出支配行人运动的"社会力"概念，核心思想就是通过与牛顿机械学相似的受力分析建立行人基本行为趋向性的模型。社会力模型认为有自驱动力、人与人之间作用力、人与边界（墙壁）之间作用力三种力作用于行人。在这些力的共同作用下，行人如同一个受力物体，会产生一个加速度，朝着目标方向移动，最终到达目的地。

社会力模型可表示为：

$$F_\alpha(t) = m_\alpha a_\alpha(t) = F_\alpha^0(t) + \sum_\beta F_{\alpha\beta}(t) + \sum_B F_{\alpha B}(t) \qquad (6.12)$$

式中　　$F_\alpha(t)$ 与 $a_\alpha(t)$ ——分别是行人 α 在 t 时刻受到的合力与加速度；

　　　　m_α ——行人质量；

　　　　$F_\alpha^0(t)$ ——行人 α 自身驱动力；

　　　　$F_{\alpha\beta}(t)$ 与 $F_{\alpha B}(t)$ ——分别是行人 α 受到行人和墙壁的阻力。

自身驱动力表征行人内在驱动机制，使行人向目标移动，可表示为：

$$F_\alpha^0(t) = m_\alpha \frac{v_\alpha^0 e_\alpha - v_\alpha(t)}{\tau_\alpha} \qquad (6.13)$$

式中　　v_α^0 ——行人 α 期望运动速率；

　　　　e_α ——期望方向，即指向出口方向的单位向量；

　　　　$v_\alpha(t)$ —— t 时刻实际运动速度；

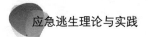

τ_α——疏散情况下的松弛时间。

t 时刻行人与行人间的作用力 $F_{\alpha\beta}(t)$ 包括社会心理力 $F_{\alpha\beta}^{soc}(t)$ 和身体接触力 $F_{\alpha\beta}^{ph}$，具体可由式（6.14）~（6.16）表示：

$$F_{\alpha\beta}(t) = F_{\alpha\beta}^{soc}(t) + F_{\alpha\beta}^{ph}(t) \tag{6.14}$$

$$F_{\alpha\beta}^{soc}(t) = A_\alpha \exp\left(\frac{D_{\alpha\beta}}{B_\alpha}\right)\left\{\gamma + (1-\gamma)\cdot\left[\frac{1+\cos(\varphi\alpha\beta)}{2}\right]\right\} n_{\alpha\beta} \tag{6.15}$$

$$F_{\alpha\beta}^{ph}(t) = \begin{cases} KD_{\alpha\beta}n_{\alpha\beta} + kD_{\alpha\beta}\Delta v_{\alpha\beta}^t t_{\alpha\beta}, & D_{\alpha\beta} \geqslant 0 \\ 0, & D_{\alpha\beta} < 0 \end{cases} \tag{6.16}$$

式中　$D_{\alpha\beta}$——$\gamma_{\alpha\beta} - d_{\alpha\beta}$，$\gamma_{\alpha\beta}$ 是行人 α 与行人 β 半径之和，$d_{\alpha\beta}$ 是两个行人中心间的距离；

$n_{\alpha\beta}$——β 指向 α 的单位矢量；

A_α——行人间作用力强度；

B_α——行人间作用力范围；

γ——行人运动过程中周围行人社会心理力在各个方向上的互异性，当 β 在行人 α 运动方向前方时，$\varphi_{\alpha\beta}=0$，当 β 在后方时，$\varphi_{\alpha\beta}=\pi$；

$t_{\alpha\beta}$——两行人中心连线切线方向的单位矢量，与 α 运动方向相反；

$\Delta v_{\alpha\beta}^t$——$[v_\alpha(t) - v_\beta(t)]t_{\alpha\beta}$——两行人在 $t_{\alpha\beta}$ 方向上的速率差值；

K——人体弹性系数；

k——滑动摩擦力系数。

$F_{\alpha\beta}^{ph}$ 仅在行人有碰撞时产生。

$F^{soc}_{\alpha\beta}$随行人间距离的减小而增大，但不会超过一个最大值。

t时刻行人与墙壁的作用力：

$$F_{\alpha B}(t) = F^{soc}_{\alpha B} + F^{ph}_{\alpha B}(t) \qquad (6.17)$$

$$F^{soc}_{\alpha B}(t) = A_w \exp\left(\frac{D_{\alpha B}}{B_w}\right) n_{\alpha B} \qquad (6.18)$$

$$F^{ph}_{\alpha B}(t) = \begin{cases} KD_{\alpha B} n_{\alpha B} + k D_{\alpha B} \Delta v^t_{\alpha B} t_{\alpha B}, & D_{\alpha B} \geqslant 0 \\ 0, & D_{\alpha B} < 0 \end{cases} \qquad (6.19)$$

式中　$D_{\alpha B}$——$\gamma_\alpha - d_{\alpha B}$，$\gamma_\alpha$是行人半径，$d_{\alpha B}$是行人中心与最近墙壁间距离；

　　　$n_{\alpha B}$——墙壁指向行人α的单位矢量；

　　　A_w——墙壁对行人作用力强度；

　　　B_w——墙壁对行人作用力范围；

　　　$t_{\alpha B}$——行人与墙壁连线的切线方向的单位矢量，方向与α运动方向相反；

　　　$\Delta v^t_{\alpha B}$——$v_\alpha(t) \Delta^t_{\alpha B}$，表示行人在切线方向的速率值。

二、优点及存在的问题

1. 优点

（1）社会力模型可以以单个行人为单位进行调整，在仿真人群运动时能够充分考虑行人个体间差异的影响。

（2）社会力模型能够更加真实地反映群体的运动现象。

（3）真实有效地对群体运动建模。

（4）社会力模型具有良好的扩展性。

（5）社会力模型表述简单，参数具有鲁棒性。

2. 存在的问题

（1）将人的行为用力来表达，难以实现复杂行为的建模。

（2）模型使用具有局限性，在高密度人群疏散时，社会力模型与实际情况不符，同时模型中人与人或者人与物接触时存在明显的速度振荡问题。

6.2.4　元胞自动机模型

一、定义及模型建立

元胞自动机是定义在具有离散和有限状态的元胞组成的元胞空间上，并按照一定的局部规则，在离散的时间纬度上演化的动力学系统。元胞自动机是通过系统内局部元胞的微观行为特征之间的相互作用实现系统整体宏观行为特征涌现的演化模型，是一种微观离散模型。

元胞自动机从人员在虚拟平面内位置变化出发，模拟火灾发生后人员在疏散过程中的行为，包括如何避免碰撞、绕行、排队、折返等各种复杂现象，提出了人员疏散遵循的基本规则，并在此基础上模拟疏散过程中的复杂现象。

1. 人员模型的基本假定

（1）人员初始位置：人员处于元胞自动机的某个单元格中，可随即或预先设定。

（2）移动方向：每个人员可以移动到周围 4 个或 8 个元胞中，如果某个元胞被建筑物或人员占据，则不能移入。当某个元胞的烟雾达到一定密度时，如果移入则有生命危险。

（3）冲突检测：当出现多个人员都选择同一个单元格时则需

要进行冲突检测，在此引入个体竞争能力 C 来解决冲突问题。

$$\hat{M}=\acute{M}/D \qquad (6.20)$$

其中，$\acute{M}$ 表示疏散人员的个体特性，当疏散人员为青壮年时，其 $\acute{M}$ 值相对高于老幼病残人员的个体特性。D 表示人员距该目标点的方向值，一般认为目标点处于人员的前后左右时其值大于处于 4 个对角线的方向距离值。如果竞争力相同，则随机产生一个顺序进行疏散。

2. 元胞自动机的基本组成

元胞自动机的基本组成单位包括元胞、元胞空间、邻居及演化规则四个组成部分。

（1）元胞：元胞又可以称为细胞、单元，是元胞自动机最基本的组成部分。

（2）元胞空间：元胞所分布的空间上所有元胞的集合组成了元胞自动机的元胞空间。

（3）邻居：由于元胞自动机的演化规则是局部的，对某一元胞状态的改变只需要改变其邻近元胞的状态，如图 6.2 所示。

（4）演化规则：演化规则是根据元胞及其邻居当前状态确定下一时刻该元胞状态的动力学函数。

3. 模型建立

首先，所有人员将根据其所处网格的状态和邻域内所有网格的状态来选择领域网格吸引力概率最大的一个网格作为下一步的目标网格，其次在疏散时人员总是以寻找距离自己最近的出口为目标，这是最基本的行为模式；考虑到火灾发生时，疏散过程

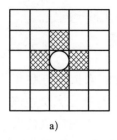 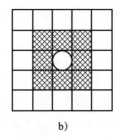 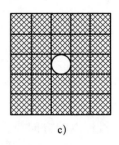

a)   b)   c)

图 6.2   元胞自动机的演化规则

a）VonNeumann 型   b）Moore 型   c）扩展的 Moore 型

中人员从众心理的影响，趋向于选择和别人相同的路线进行逃离。图 6.3 为人员下一步可能的移动方向和概率。在此引入了几个概念参数作为个体选择疏散路线的主要依据。

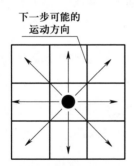 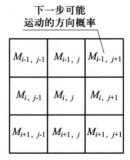

图 6.3   人员下一步可能的移动方向和概率

（1）网格位置吸引力概率：

$$P_{dir(i,j)} = \frac{\max d_{(i,j)} - d_{(i,j)}}{\max d_{(i,j)} - \min d_{(i,j)}} \tag{6.21}$$

式中 $d_{(i,j)}$——网格（i, j）到疏散出口的距离；

       $\max d_{(i,j)}$——距离出口最大的网格距离值；

$\min d_{(i,j)}$——距离出口最小的网格距离值。

距离疏散出口越近的网格，其位置吸引力概率越小。

（2）网格方向吸引力概率：人员模拟过程中，个体每一步移动都要先根据其视野范围内的所有人员的运动方向来做出决策，选择一个最优路径。

$$P_{\text{dir}(i,j)} = \frac{N_{\text{dir}}(k)}{\sum_{k=0}^{\infty} N_{\text{dir}}(k)} \qquad (6.22)$$

式中　dir——一定范围内 k 方向人员移入数量总数，$k=$（0，…，8），9 个单元格人员移动数量总和；

　　　　0——当前人员所在位置。

（3）火灾场景排斥力：火灾发生时人员尽量选择远离火源的路径疏散，如果烟雾达到一定浓度，将对人员的生命造成威胁。

$$F_{t(i,j)} = \begin{cases} 0(i,j) \notin \text{fire} \\ F_{t-1(i,j)} \times S_t(i,j) \in \text{fire} \end{cases} \qquad (6.23)$$

式中　$F_{t(i,j)}$——在 t 时刻网络（i，j）的火场排斥力；

　　　　fire——当前火场区域，如果该网络不在火灾区域，则排斥力为 0，如果该网格处于火场之内，其排斥力与上一时刻的排斥力有关；

　　　　S_t——排斥系数，S_t 在 0 和 1 之间取值。

二、优点及存在的问题

1. 优点

（1）用复杂系统的特征去模拟和描述复杂性，更具有针对性、典型性和准确性。

（2）其离散性使许多问题得以简化，容易计算统计测度，易于完成从概念模型到计算机物理模型的转变。

（3）元胞自动机中的状态更新规则不依赖于数学函数，甚至可用语言简单描述亦可达到相同目的，因此，该模型表达更为直观、简单。

2．存在的问题

（1）在标准元胞自动机的状态更新规则中的因素过于单一。

（2）元胞具备规则一致的形状，有规律排列，但是在现实世界中很少有如此规则状态。

6.2.5　势能场模型

一、定义及模型建立

1986 年，Khatib 提出势能场模型，该模型被应用于机器人无碰撞路径规划。势能场模型通过场的概念，来表示行人在空间中移动的趋势。

在势能场模型中，行人位于空间中的某个位置，会同时受到目的地、障碍物的势能场影响，人在势能场的影响下产生运动。势能场模型可以用以下映射进行表述：

$$V: C \rightarrow R \qquad (6.24)$$

其中，C 为行人所在的二维空间；R 为非负实数集合。

在势能场模型中，离目的地越近，V 的值越小，目的地的 V 值为零。离障碍物越近，V 的值越大。

在势能场模型中，场可以被分为两类：一类是不会随时间变化或行人位置变化而变化的场，这类场被称为静态场；另一类刚好相反，会随着时间变化而变化，会受到行人存在的影响，这类场被称为动态场。

二、优点及存在的问题

优点：人员受疏散出口与障碍物的势能场的影响而运动。

存在的问题：无法针对每一个人员进行势能场的建立，所有人员行为相似。

6.2.6 磁场力模型

一、定义及模型建立

1991 年，日本学者冈崎和松下提出了磁场力模型。在该模型中，行人、障碍物、出口等都被看成位于磁场中的磁体。行人和障碍物的极性都为正磁极，出口为负磁极。根据同性相斥异性相吸的原理，行人在负磁极的吸引下会移向出口。在行人朝着出口移动的过程中，行人之间、行人与障碍物之间会因为带着相同的磁极而相互排斥，它们之间会保持着距离。

在磁场力模型中，除了上面所说的库伦力，行人还会受到碰撞规避力。碰撞规避力的存在大大减少了行人之间发生距离够近现象的出现。

库伦力和碰撞规避力这两个力用公式可以分别表示为：

$$\vec{F} = \frac{kq_1q_2}{r^3}\vec{r} \qquad (6.25)$$

$$\vec{a} = \vec{V}_\alpha \cos\alpha \tan\beta \qquad (6.26)$$

磁场力模型借鉴万有引力定律，模型相对简单。

二、优点及存在的问题

1. 优点

（1）借助万有引力定律对行人疏散过程进行描述，简单易懂。

（2）通过改变磁场大小来直接控制流量和密度，易于调控。

2. 存在的问题

（1）此模型只有三种疏散方式选择，较为简单。

（2）模型中参数设定较为随意，并且在模拟过程中并未考虑到行人运动的心理因素，难以验证是否正确合理。

6.2.7 成本—效益模型

一、定义及模型建立

1985 年，Gipps 和 Marksjo 提出了成本—效益元胞模型，该模型是利用成本—效益的方法和思想分析元胞模型中粒子（人员）的移动。模型把二维空间划分成等大小的均匀网格（元胞），行人被模拟成元胞上的粒子。每个元胞最多能被一个行人占据，且模型根据周围元胞的情况对每个行人所在的元胞赋成本值 S，该值表示邻近的行人或障碍物的排斥作用，在行人向目的地移动的效益值共同作用下向目标点运动。模型建立过程中的难点是成本值 S 和效益值 P 的估计。Gipps 和 Marksjo 对成本值 S 的估计给出了详细的介绍。如果两个行人所占位置出现重叠，元胞的成本值等于各个行人产生的成本值之和。每个元胞的成本值与其周围的 9 个元胞（包括自己）有关，行人将向效益值最大的元胞移动，具体分析过程如下。

Gipps 和 Marksjo 提出成本值 S 与元胞之间距离的平方为近似

反比例关系，公式如下：

$$S = \frac{1}{(\Delta - \alpha)^2 + \beta} \qquad (6.27)$$

式中 S——行人接近某元胞或障碍物的成本值（排斥作用）；

Δ——行人与元胞 i 之间的距离；

α——0.4 m，略小于行人所占直径（0.5 m）的常数；

β——0.015，修正系数。

人员通过移动所获得的效益值 $P(\sigma_i)$ 可以通过下述公式度量：

$$P(\sigma_i) = K \cos(\sigma_i) \mid \cos(\sigma_i) \mid =$$

$$\frac{K(S_i - X_i)(D_i - X_i) \mid (S_i - X_i)(D_i - X_i) \mid}{\mid S_i - X_i \mid^2 \mid D_i - X_i \mid^2} \qquad (6.28)$$

式中 $P(\sigma_i)$ ——行人向目的地移动时的效益值，当行人静止时，该值为 0；

K——比例常数，使沿直线移动的效益值与其他行人靠近时的成本值平衡；

σ_i——行人向元胞 i 移动时偏离目的地的角度；

S_i——指向目标元胞的矢量；

X_i——指向对象的矢量；

D_i——指向目的地的矢量。

通过成本分析方法所得到的净效益值（T）为：

$$T = S - P(\sigma_i) \qquad (6.29)$$

利用成本—效益元胞模型可以计算出行人周围元胞（包括行

人所在的元胞）的相对净效益值，行人将会向净效益值最大的元胞移动。

二、优点及存在的问题

1. 优点

计算简单，为人员流动问题的研究提供一个全新视角。

2. 存在的问题

（1）此模型算法是一种贪心算法，行人在移动决策时总是向当前看来最好的元胞移动。

（2）模型对元胞和行人赋值具有随意性，模型的参数在实际情形中难以得到准确标定。

6.3 疏散模拟技术

近年来随着计算机科学的快速发展，疏散模拟技术逐渐成为疏散行为研究的重要领域之一，利用计算机技术对火灾中人员疏散问题进行研究，其重点在于对人员疏散模型的研究，这些模拟软件广泛地被应用于火灾发生时地铁站、机场、学校、医院等场所的疏散模拟验证。目前典型的疏散模拟软件有 STEPS、FDS+Evac、Building Exodus、Simulex、Evacnet4、Pathfinder 等。

6.3.1 STEPS

一、概况

Mott Mac Donald 公司在设计地下车站和换乘站等交通系统时开发了 STEPS 软件，该软件可用来预测行人在正常和应急情况下的运动情况，是一种基于元胞自动机的疏散模拟软件。

二、软件的原理

STEPS 软件的原理是从元胞自动机理论提取而来的。一个元胞代表一个人。某一空间内的一群人类似于自组织的系统。人群展现出的复杂行为模式是由个体遵守行为原则以及周围对他的影响产生的。STEPS 软件可以对三维场地中每一个个体的心理行为特征以及环境对行人的行为产生的影响加以分析，从而确定行人的行为轨迹，这种行为模式在人员运动模拟中是起决定性作用的。相比于以往的软件它更加形象，模拟更加真实。STEPS 有两种不同的疏散模式，一种是正常模式一种是紧急模式，在正常的模式下人会有序地选择最近的门到户外，紧急模式下人会慌乱地选择任意可以逃生的出口。传统的运动学模型将人群简化为连续的流体来分析，忽视了个体行人的心理因素对疏散的影响，因此，STEPS 模型优于传统的 EVACNET、WAYOUT、EXIT89 等运动学模型。

STEPS 模拟人员疏散时，人员在每一个时间点从所在元胞移动至目标元胞，遵循最短路径原则。STEPS 可设置人的年龄、耐心等级、人对建筑的熟悉程度等多种属性，也可以在疏散时随时改变环境条件，如突发性灾难可能会使特定出口失效，不同区域人员对灾难响应时间不同可能会使人员在不同时间、不同地点开始疏散等。STEPS 可以分配具有不同属性的人员，给予他们各自的耐心等级和适应性，也可以指定年龄、尺寸和性别，具有很大的灵活性。通过与基于建筑法规标准的设计做比较，有效性已经得到验证。因此，它能够按照推荐的方法，例如，NFPA 等法规，计算疏散和行走时间。

三、应用范围

经过不断地发展和实践，STEPS 软件的疏散模拟场景已不再局限于建筑群，开始向城市空间发展，适用于地铁站、航空机场楼、学校、商场等建筑，被 Mott Mac Donald 公司和其他大型工程公司应用于许多大型的项目之中，这些项目包括印度德里地铁站、英国伦敦希思罗机场、瑞士城市地铁线、英国伦敦温布利国家体育馆等。

6.3.2 FDS+Evac

一、概况

FDS（Fire Dynamics Simulator）是美国国家标准与技术研究院（NIST）研发的火灾动力学模拟软件。第一版的 FDS 在 2000 年 1 月发布，自发布以来就得到广泛应用。如今，越来越多的工程技术人员、火灾研究人员及教育科研人员都利用其进行火灾相关问题的研究。

Evac 是芬兰技术研究中心（VTT）开发的基于连续空间模型的人员疏散模拟软件。该模型可作为 FDS 的子程序，从而能够实现火灾和疏散模拟。第一版本 Evac1.0 于 2006 年正式发行，第二版本的 Evac1.1 集成在 FDS5.0 里，于 2007 年 10 月 1 日发行，因此，FDS5.0 又称为 FDS+Evac，模拟的结果可以用 FDS 软件自带的可视化软件 Smoke View 进行动画演示。

Evac 是一种基于 FDS 模拟结果的疏散模拟软件，通过社会力模型计算人员运动，通过设置探测响应时间和人员准备时间来模拟人员的探测响应时间和疏散反应时间，利用 FDS 模拟结果判断人员伤亡。

二、软件的原理

该人员疏散模型由德国物理教授 Dirk Helbing 提出，形式基础为恐惧心理状态下的社会力模型。模型采用了两个假设：一是人员被视为粒子，粒子被定义具有自驱动性；二是社会—心理力和物理力会对人员运动过程产生影响，每一个疏散人员都有独立的运动控制方程，建筑内建立起一个二维虚拟的人流场。在求解过程中，类似于在建筑结构出口位置设置了一台虚拟抽风机，用来吸引人员向该位置运动流出建筑。

三、应用范围

Evac 可用于火灾环境下的疏散安全评估，也可应用于建筑物疏散设计。在疏散模拟方面广泛适用于建筑物、体育场、商场等公共场所的疏散模拟，劳动密集型工厂的疏散模拟，大型交通工具如轮船、火车的疏散模拟。在疏散设计方面可用于建筑物安全评价、安全设计、安全演习研究，工厂、矿山等危险性较大的企业疏散演习研究，大型交通工具如轮船、火车的紧急疏散研究。

6.3.3 Building Exodus

一、概况

Exodus 是由英国格林威治大学 Edwin R.Galea 教授为主导的机构 Fire Safety Engineering Group（FSEG）经过多年研究出的，该软件运用语言系统编程，可用在多种空间形式内模拟人员疏散行为。软件是一款包括了模拟飞机人员疏散的 Air Exodus、模拟建筑物人员疏散的 Building Exodus、模拟船只人员疏散的 Maritine Exodus 三种类型已经完备的和还在研究之中模拟铁路人员疏散 Rail Exodus 的系列软件。在现在的疏散软件中，该系列软件在人员行为模拟、大型建筑的性能化设计、仿真结果三维表现等方面处于领先地位。

二、软件应用原理

该软件由内部之间相互联系、相互作用的建筑子模块、人员子模块、运动子模块、行为子模块、危险性子模块和毒性子模块构成。Building Exodus 是一款功能十分强大的建筑疏散模拟软件，在进行仿真模拟时，它不仅能精确定义建筑几何属性、情景属性和灾害属性，还能精确定义疏散人员的行为规则，并综合考虑疏散人员个体间、个体与建筑、个体与环境之间的交互作用，尽可能真实准确地模拟疏散人员的行为，如图 6.4 所示。

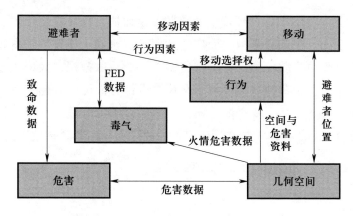

图 6.4　Building Exodus 各模块间相互作用

三、应用范围

Building Exodus 是专门对诸如超市、医院、车站、学校、机场等建筑人员疏散过程进行模拟分析的软件，可用以评价建筑设计是否合乎规范要求，分析各种建筑人员疏散性能以及建筑中人群的移动效率。通过分析模拟结果可以对存在缺陷的区域、不利于疏散的建筑设计和疏散的具体程序提出建议。例如，Building Exodus 能解释模拟结果，确定瓶颈位置、疏散速度、疏散起始时间和终止时间、疏散过程等。

6.3.4　Simulex

一、概况

Simulex 软件是最先由英国爱丁堡大学设计，后来由苏格兰集成环境解决有限公司的 Peter Thompson 博士继续发展的一款人员疏散仿真模拟软件。该软件可以模拟大型、复杂形状、带有多个楼梯的建筑物，通过 CAD 软件所产生的 DXF 文件定义单个楼层，并通过"LINK"作为楼梯来连接各个楼层。

在模拟过程中，用户可以看到人员运动的全过程，可以看到任意位置、任意时刻的疏散情况。模拟结束后，软件会生成疏散过程的数据。Simulex 软件用三个圆代表每一个人的平面形状，精确模拟了实际的人员，对正常不受阻碍的行走、与他人接近而形成的避让、旋转、超越等移动类型均能很好地模拟。

二、软件应用原理

Simulex 属于"行为"模型。"行为"模型以人员在人群中的个体特性作为分析目标，人的行为受到与环境相互作用影响，对建筑空间的构造通常采用精细网络模型（Fine Network Model）。该类模型趋向于真实地反映人员在疏散中的行为，采用精细网络模型将建筑物的空间划分为众多精细的网格，Simulex 采用的是等距图的网格形式，可以准确描绘出单个个体的运动轨迹和个体对环境刺激的反应以及个人特征等，可以表现接近真实的疏散行为和运动。Simulex 制定关于疏散的几何学和独立的运动的方法，所做的原理假设如下：①个体被设定了一种正常的，没有阻碍的行走速度；②当群体拥挤在一起，变得较紧密时，行走的速度将降低；③个体都按着一定路线走向出口，路线是由距离地图上显示的建筑结构所决定的；④设计了个体的赶超转身捷径行走和小程度回转的情况。这些原理假设都符合实际火灾发生时人员的实际运动状况，保证了模型的准确性。

三、应用范围

Simulex 软件能够模拟大量人员在多层建筑物中的疏散，还模拟了一部分心理方面的内容，例如，对出口的选择，这些心理因素的进一步改进成为模型发展的方向。

6.3.5　Evacnet4

一、概况

Evacnet4 是一个水力疏散模型，它模拟人员在建筑物内行走并最终疏散至安全地点的全过程，由美国佛罗里达大学开发，是目前世界上被广泛采用的人员疏散模型之一。Evacnet4 对建筑物的结构布局以网络的形式描述，模拟人员在这一网络内的流动，建筑网络模型由一系列节点和路径组成。节点代表建筑部件，如房间、大厅、楼梯和大厅。每个节点中的初始内容需要被明确指定。在 Evacnet4 中，时间的概念被划分为固定长度的时间段，每个时间段的长度是用户可定义的，默认为 5 s，时间坐标和流量都是基于这个时间段。Evacnet4 使用节点类型来表示不同的建筑结构，例如，工作场所的"WP"和楼梯间的"SW"。节点类型名称可以由用户定义，在 Evacnet4 中，EL 是一种特殊的节点类型，它表示电梯对象。如果要模拟涉及电梯的疏散，则应在建筑模型中添加 EL 节点和弧。弧形代表建筑构件之间的通道。对于每段弧，必须提供两个属性：弧遍历时间和弧流量容量。弧遍历时间代表疏散人员穿过通道需要消耗的时间。弧流容量是每个时间段内能够穿越弧所代表通道人数的上限。

二、软件应用原理

Evacnet4 是利用水流原理的计算机网络疏散模型，把建筑物内部结构模拟看成水管之间的连接，把人的流动看成水的流动，没有考虑人的个体行为和群体行为，按照水流流动的时间选取最优的疏散线路。Evacnet4 对建筑物的结构布局以网络的形式描述，模拟人员在这一网络内的流动。建筑网络模型由一系列的节点以及连接各个节点的路径组成。节点代表建筑物内的不同的厅、室、通道、楼梯间、安全出口以及其他的空间部分，模型将室外或建筑内的其他安全地点定义为目标节点。空间上相邻的节点通过虚拟的路径来连接，这些路径在空间上并不实际存在，只是用来反映各个节点之间的连接关系，还需要设定路径的方向，以反映人员在网络内的流动方向。人员按照路径的方向行走，到达目标节点算作疏散结束。

三、适用范围

Evacnet4 适用于大型建筑物，但是由于没有考虑到疏散个体差异，实际的疏散时间要比模拟的疏散时间要长。

6.3.6 Pathfinder

一、概况

Pathfinder 是一种基于人员的疏散模拟软件，该软件是由美国的 Thunder-head Engineering 公司研究开发的。用户能够在 Pathfinder 界面中建造人员疏散的仿真场景，也可以将真实建筑物场景的 CAD 图导入至 Pathfinder 软件中，从而建立仿真场景。

Pathfinder 软件将行人运动模式分为 SFPE 模式和 Steering 模式。SFPE 模式是以出口流量为基础的人员运动模式，这种模式是基于《（美国消防工程师协会）SFPE消防手册保护工程》和《SFPE工程指南：火灾中的人类行为》中提出的流量模型，其人员疏散速度取决于每个房间内人员密度、穿过疏散口的人员流量、流率以及疏散口的宽度。由于没有考虑人的冲突和采取最短路径的做法，使得模拟显示不够真实。Steering模式是基于逆向指导（inverse steering）的运动模式，该模式的实现理念来源于Craig Reynolds提出的指导行为（steering behavior），基于他在鸟群的研究中发现的三种基本行为（避免碰撞、速度一致和中心聚集）。Steering模式中采用的逆向指导模式更为复杂，它使用路径规划、指导机制、碰撞处理相结合的方法来控制人员运动，最终的模拟显示更为真实逼真，但由于没有考虑出口流量的限制，计算结果与SFPE手册计算的结果有一定的差别。

二、应用范围

Pathfinder是现阶段简单、直观、易用的模拟人员紧急疏散逃生的评估软件，它能为使用者提供图形用户界面的相关数据，还有三维可视化工具最终的分析结果，可以计算出模拟状态下每个人员自己的独立运动，并且会给予人员一套独特的参数。软件通过提供可修改的各项疏散仿真参数来测试各种参数情况下对疏散时间的影响，如疏散个体肩宽、疏散个体数量、疏散出口吸引力、疏散通道宽度等。Pathfinder目前已广泛应用于地铁、商场、船舶等人员密集场所人员疏散仿真研究。

6.4 疏散实验和模拟结果对比

为了进一步说明疏散理论基础的适用性以及疏散数值模拟的可行性，后文引用前人有关疏散实验和模拟结果对比案例进行介绍。

6.4.1 某学校特定楼梯区域人员疏散实验和模拟结果对比

一、疏散实验概况

刘旭光等人选取了一个学校的特定楼梯区域就人员疏散问题进行数值模拟和实验验证，实验楼梯区域包括宽度为 3.07 m 的上、中、下 3 个平台和 S_1、S_2 两段台阶区域，平面示意图如图 6.5 所示。其中，上、中、下 3 个平台的长度分别为 3.24 m、2.45 m 和 3.24 m，S_1、S_2 两个台阶区域都有 16 个台阶，每个台阶高 0.17 m、深 0.33 m，因此，每段台阶区域的水平长度为 5.28 m，坡度为 27.3°。

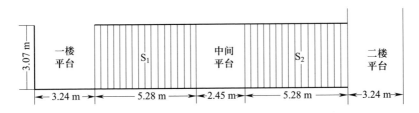

图 6.5 实验楼梯平面图

研究中共选取 50 位在校大学生参与了该实验，每次随机挑选出 10、20、30、40 人进行上下楼疏散。上楼时疏散路径为：地面等待区→一楼平台→S_1 台阶段→中间平台→S_2 台阶段→二楼平台，下楼时路线正好相反，为避免随机误差，每次相同的实验重复 3 次。

在实验过程中，测得不同疏散密度情况下人员疏散时间以及速度，做出数据汇总。

二、模型及软件使用

行人上下楼是一个典型的三维运动，其运动矢量既有水平方向，也有垂直方向。因此，可建立一个三维社会力模型，如图 6.6 所示。

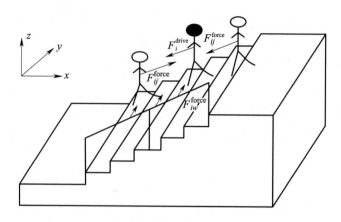

图 6.6 下楼时社会力模型行人受力图

设行人 i 的质量为 m_i，在 t 时刻的实际速度为 v_i，可以被分解为 x、y、z 轴 3 个方向的分速度：

$$|v_i| = \sqrt{v_x^2 + v_y^2 + v_z^2} \tag{6.30}$$

行人在楼梯上运动时，竖直方向上的速度 v_z 依赖于水平方向上的速度 v_x，设 α 为楼梯坡度，则：

$$v_z = v_x * \tan \alpha \tag{6.31}$$

N 个行人中，每个质量为 m_i 的行人 i 在 t 时刻的速度变化可由加速度方程描述：

$$m_i = \frac{\mathrm{d}v_i}{\mathrm{d}t} = F_i^{\mathrm{drive}} + \sum_{j(\neq i)} F_{ij}^{\mathrm{force}} \sum_w F_{iw}^{\mathrm{force}} \tag{6.32}$$

式中 F_i^{drive}——行人自驱力；

$$\sum_{j(\neq i)} F_{ij}^{\text{force}}——周围人员对其的排斥力；$$

$$\sum_{w} F_{iw}^{\text{force}}——周围墙等建筑物对其的排斥力。$$

其中，行人 i 的自驱动力 F_i^{drive} 可由以下公式计算：

$$F_i^{\text{drive}} = m_i \frac{v_i^0(t) e_i^0(t) - v_i(t)}{\tau} \tag{6.33}$$

式中　v_i^0——期望速度；

　　　e_i^0——期望方向；

　　　τ——松弛时间，即行人 i 由 v_i 加速到 v_i^0 所用的时间。

行人 i 和行人 j 之间的相互作用力 F_{ij}^{force} 可表示为：

$$F_{ij}^{\text{force}} = A_i e^{(r_{ij}-d_{ij})/B_i} n_{ij} + kg(r_{ij}-d_{ij}) n_{ij} + \kappa g(r_{ij}-d_{ij}) \Delta v_{ji}^t t_{ij} \tag{6.34}$$

式中　A_i、B_i、k 与 κ——常量；

　　　d_{ij}——行人 i 和行人 j 之间的距离；

　　　r_{ij}——相互作用的两个行人 i 和 j 的半径和；

　　　n_{ij}——由行人 j 指向行人 i 的单位向量；

　　　t_{ij}——行人 i 到行人 j 的切向向量；

　　　Δv_{ji}^t——切向相对速度；

函数 $g(x)$ 在行人之间没有接触时（$r_{ij} < d_{ij}$）为 0，否则取值为 x。

类似，与墙壁 w 的作用力 F_{iw}^{force} 可表示为：

$$F_{iw}^{\text{force}} = A_i e^{(r_{ij}-d_{iw})/B_i} n_{iw} + kg(r_{ij}-d_{iw}) n_{iw} + \kappa g(r_{ij}-d_{iw})(-v_i t_{iw}) t_{iw} \tag{6.35}$$

式中　d_{iw}——行人 i 到墙壁 w 的距离；

　　　n_{iw}——垂直于墙壁的单位向量；

　　　t_{iw}——与墙壁相切的方向。

模型仿真软件由实验者团队自行编制，参数设置如下：行人直径 $2r_i$=0.4 m，质量 m_i=60 kg，加速时间 τ=0.5 s；上楼时，心理排斥力系数 A_{i-up}=1 000 N，B_{i-up}=0.08 m，而下楼时人员密度更加集中，所以下楼时的心理排斥力系数比上楼时小，故设置 A_{i-down}=900 N，B_{i-down}=0.08 m；人体弹性系数 k=819.62 kg/s^2，滑动摩擦系数 κ=510.49 kg/（m·s）。此外，行人在平台上的期望速度设置为 1.90 m/s，但在台阶区域时上、下楼的期望速度分别为 1.55 m/s 和 1.50 m/s，楼梯的坡度 α 为 27.3°。

三、模拟结果

使用三维社会力模型对疏散场景进行 3D 仿真建模，能够清晰直观地展现出人员在楼梯区域的疏散过程，如图 6.7 所示。

为验证三维社会力模型的合理性，进行了 40 人上下楼逃生疏散模拟仿真，每隔 2 s 记录一次已成功逃离的总人数，并与实验疏散效率数据进行了对比，如图 6.8 所示。上楼时，实验中第一个人的逃生时间为 7.2 s，而最后一个人安全逃离共用时 21.8 s；仿真模拟中，第一个人和最后一个人逃生用时分别为 7.7 s 和 21.6 s；下楼时，对应的实验数据分别为 7.0 s 和 18.9 s，而仿真模拟结果分别为 7.3 s 和 18.2 s。

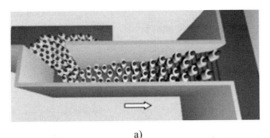

a)

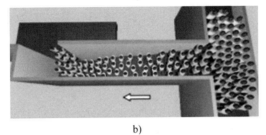

b)

图 6.7　上下楼 3D 仿真场景图

a）上楼　b）下楼

四、实验结果

基于实验视频，计算了不同情况下人员整体疏散时间（即疏散警报响起到最后一个人员离开楼梯区域的时间）。结果显示，实验中 10、20、30、40 人上楼疏散时间分别为 12.36 s、14.12 s、17.84 s、21.76 s，相应的下楼疏散时间分别为 12.28 s、13.52 s、16.28 s、18.88 s。不难看出，相同人数时，下楼整体疏散时间比上楼时更短，即单位时间内下楼疏散的人数更多，因此，下楼疏散比上楼疏散效率更高。

五、结论

在逃生状态下，与上楼疏散相比，下楼时虽然人员平均速度略小，但密度更大，使得下楼时流量更大，通行能力更好，因此，

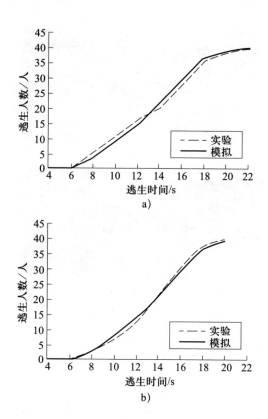

图 6.8　40 人上、下楼实验与仿真疏散效率对比

a）上楼　b）下楼

下楼疏散效率更高。用改进的三维社会力模型进行了上下楼疏散模拟仿真，与实验数据进行对比一致性较高，较好还原了疏散实际过程，验证了模型的合理性。

6.4.2　北京市某地铁站疏散实验和模拟结果对比

一、疏散实验概况

郭雪等调查记录了北京某地铁站客流量等数据，分析了该地铁站的疏散能力，并利用模拟软件 Building Exodus 进行模拟验证。该地铁站具体情况如下：

（1）该地铁站为地下二层岛式车站，车站共设 4 个出入口。本线路列车为 6 辆编组。列车最小行车间隔为 2 min，线路通过能力每小时 30 对列车。

（2）该地铁站为本线路客流最大的车站之一。根据北京地铁线工程的客流统计情况，2011 年客流高峰期的客流情况见表 6.2 和表 6.3。

表 6.2　　　　　　　**2011 年北京地铁站集散量**　　　　（单位：人次）

车站	日集散量合计		小时集散量合计	
	进站量合计	出站量合计	进站量合计	出站量合计
A 站	17 471	16 671	3 120	5 761

表 6.3　　　　　　　**2011 年北京地铁站小时流量**　　　　（单位：人次）

上行方向	站别	下行方向
	B 站（上一站）	
25 917		23 316
	A 站	
27 919		25 099
	C 站（下一站）	

（3）该地铁站站台层通过 2 部宽 5 m 的步行梯向站厅层疏散，站厅层人员通过闸机口至 4 个出入口疏散，每个出入口都设置有 1 部电扶梯、1 部步行梯。地铁站楼梯通行能力按 90% 计算。

（4）该地铁站紧急疏散情况下所有的闸机口都自动打开用于

疏散，所有自动扶梯变为上行，辅助疏散。

（5）按照早高峰最大断面客流结果和高峰系数，该地铁站的极大客流荷载如下：列车载客人数：（27 919/30）×1.3=1 210（人）；高峰小时站台候车人数：（3 120/30）×1.3=135（人）；高峰小时下车人数：（5 761/30）×1.3=250（人）。

（6）地铁站在火灾情况下排烟系统的设计能够保证烟气被严格控制在站台层内，因此，在本站站台列车火灾疏散时，将人员疏散至站厅层即为安全区。

二、实验结果

（1）根据两次实测结果（见表6.4），该地铁站乘客从站台层疏散到地面的时间分别为1号出入口194 s，2号出入口193 s，3号出入口210 s，4号出入口208 s，加上60 s的反应时间，1~4号出入口的实测疏散时间分别为254 s、253 s、270 s、268 s。

表6.4　　　　　人员从站台层疏散到地面各出入口的时间统计　　（单位：s）

	第1组	第2组	第3组	第4组	第5组	第6组	第7组	平均值
出入口1	195	190	200	186	192	199		194
出入口2	198	202	188	186	190	192		193
出入口3	20	203	212	218	223	210	202	210
出入口4	22	196	210	224	220	199	205	208

（2）通过实测观察表明，由于从3、4号出入口疏散的乘客较多，人员密度大，人员流动速度相对较小，因此，3、4号出入口

疏散时间较 1、2 号出入口疏散时间长。

（3）根据实测记录，对儿童、中青年男性、中青年女性、老人等不同人群的水平行走速度、上下楼梯速度进行了统计汇总，其结果见表 6.5。

表 6.5　　　　　不同人群在不同地点的行走速度统计　　（单位：m/s）

不同人群	地面速度	下楼梯速度	上楼梯速度
儿童乘客（10 岁以下）	0.78	0.54	0.42
青年男性（20 岁左右）	1.33	1.02	0.93
青年女性（20 岁左右）	1.10	0.90	0.83
中年男性（35 岁左右）	1.26	0.92	0.89
中年女性（35 岁左右）	1.08	0.83	0.72
老年乘客（60 岁以上）	0.75	0.53	0.39

（4）通过对该地铁站乘客疏散行为实测研究表明，乘客在不同情况下选择疏散路径的方式有所不同，具体如下：

从站台至站厅的疏散楼梯是整个疏散过程中最主要的瓶颈，在高峰客流时段楼梯口处会聚集大量乘客，且大部分乘客在此时并不会更改疏散路径，导致整个疏散时间加大；此外，站厅层的闸机口也是疏散过程中的瓶颈，此处也会出现人员聚集的情况，但这时大部分乘客会更改疏散路径，以寻求最快的疏散通道。

老年人在选择疏散路径时往往会犹豫反复，而年轻人一旦选定疏散路径一般不会更改；乘地铁出行儿童大部分有成人陪护，其疏散路径一般由成人决定，且一般不会更改，但由于成人需陪护儿童，因此成人的疏散速度大幅降低。

三、模型及软件使用

采用 Building Exodus 模型对该地铁站站台列车发生火灾情况下的人员疏散进行数值模拟。Building Exodus 疏散模型能动态显示火灾危害影响下的疏散人群移动方式、疏散时间、人员拥堵及各疏散出口的疏散人数等数据。

四、模拟结果

（1）根据该地铁站站台层人员疏散至站厅层的人数动态变化曲线，站台层人员将在 168 s 内全部撤离站台区，考虑 60 s 的人员反应时间，人员撤离站台的总疏散时间为 228 s。

（2）根据北京某地铁站站厅层人员疏散出车站的人数动态变化曲线，人员疏散至出口的时间为 222 s，即疏散行动时间为 222 s，加上人员反应时间，人员全部疏散至出口的时间为 282 s。

（3）全部人员在 228 s 内全部撤离站台层，小于规范要求的 360 s。全部人员从站台区疏散至地面的时间为 282 s，同样小于规范要求，且与实测疏散时间 270 s 基本吻合。该地铁站的疏散能力满足国家相关标准规范的要求，模拟结论也相对准确。

五、结论

通过对北京某地铁站常态下人员疏散情况的实测表明，乘客从该地铁站站台层疏散至 1、2、3、4 号出入口的实测时间分别为 254 s、253 s、270 s、268 s；儿童、中青年男性、中青年女性、老人等不同人群的水平行走速度、上下楼梯速度有所不同；在疏散路径选择方面，大部分乘客疏散至楼梯时一般不会更改疏散路径，因此，在此处必然会聚集大量乘客，成为疏散过程中最主要的瓶颈。此外，在闸机口处大部分乘客会更改疏散路径，以寻求最快的疏散通道；老年人在选择疏散路径时往往会犹豫反复，而年轻人一旦选定疏散路径一般不会更改。

利用 Building Exodus 模型对该地铁站站台列车火灾情况下进行人员疏散模拟，与实验数据进行对比，一致性较高，较好还原了实际疏散过程，验证了模型的合理性。

参考文献

［1］陈长坤，秦文龙，童蕴贺，等. 突发火灾下人员疏散心理及
行为的调查与分析［J］. 中国安全生产科学技术，2018，14
（8）：35-40.

［2］迟菲，胡成，李风，等. 密集人群流动规律与模拟技术［M］.
北京：化学工业出版社，2012.

［3］王钾. 基于 BIM 和优化蚁群算法的建筑消防疏散路径规划
［D］. 西安：西安建筑科技大学，2020.

［4］岳昊. 基于元胞自动机的行人流仿真模型研究［D］. 北京：
北京交通大学，2009.

［5］朱刿. 基于 STEPS 的历史地段火灾疏散模拟研究［J］. 上
海城市规划，2016，13（1）：45-50.

［6］孟宏涛. FDS+EVAC 在建筑火灾疏散研究中的应用［J］. 安
徽建筑工业学院学报，2010，18（2）：21-25.

［7］田玉敏. Building Exodus 在人群疏散时间预测中的应用［J］.
消防科学与技术，2015，34（4）：464-466.

［8］王静，王伟，柯琪材，等. 基于 Pathfinder 的某高校图书馆
人员疏散模拟研究［J］. 安防科技，2011（6）：3-7.

［9］刘旭光，赵永翔，张宇林，等. 基于社会力模型的楼梯区域

人员疏散实验及仿真研究［J］. 武汉理工大学学报（信息与管理工程版），2018，40（3）：250-255.

［10］郭雩. 地铁车站火灾乘客应急疏散行为及能力研究［D］. 湘潭：湖南科技大学，2012.

7 应急逃生技术及主要装备

7.1 应急逃生技术

7.1.1 应急照明与疏散指示系统

应急照明和疏散指示系统是指在发生火灾时，为人员疏散和消防作业提供应急照明和疏散指示的建筑消防系统。

合理地对系统进行设计，对保证系统在发生火灾时能有效为建、构筑物中的人员在疏散路径上提供必要的照度条件、提供准确的疏散导引信息，从而对保障人员的安全疏散有十分重要的作用和意义。

一、系统概况

以北京某科技股份有限公司的消防应急照明与疏散指示系

统为例，其是依据国家标准《消防应急照明和疏散指示系统》（GB 17945—2010）研制的。新型灯具自身带有唯一的二维码编制信息，通过微信小程序 / 手机 App 扫描进行编制位置信息，大大减小了编写灯具信息的错误率，提高了现场施工调试的工作效率。火灾发生时，应急照明控制器根据火警信息进行联动，自动弹出火灾发生楼层平面图，平面图显示起火点及疏散通道，可直观指示出疏散路径。

系统的远程集中维护管理功能避免了复杂的现场人力维护工作，节省了运作成本，与传统的集中控制型系统相比较，远程功能既方便了现场的开通调试，又方便后期的维护管理，真正提高了产品的可靠性和安全性，同时也确保消除因消防应急灯具故障所产生的疏散盲区。应急照明与疏散指示系统如图 7.1 所示。

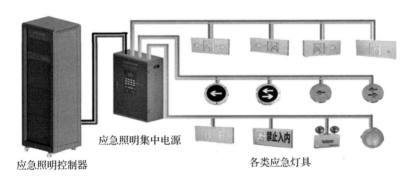

应急照明集中电源

应急照明控制器

各类应急灯具

图 7.1　应急照明与疏散指示系统

二、系统的主要功能

（一）系统监控功能

开通调试后，在正常情况下，系统内所有的终端设备（包括集中电源和各类灯具）均处于被监视状态；在应急照明控制器上可以监视每一个现场终端设备的工作状态，而且通过系统远程后台，也可查看系统内的所有应急照明控制器及其所带的终端设备的工作状态。

（二）系统指示功能

在火灾情况下，系统根据内置独创的网络化智能分析模块，针对风向、就近出口、火灾的走势、人群密度进行分析，给出可靠的疏散路径指示；指导消防应急标志灯的指示方向以及应急照明灯的开启，帮助建筑物内的人群实时地选择可靠逃生路线，指引安全逃生方向，加快逃生速度，提高逃生成功率。

（三）系统联动功能

系统与火灾报警系统产品无缝对接，迅速得到火灾信息，系统内置独创的网络化智能分析模块计算出可靠的逃生路线，更大程度上减免损失。

三、系统组成

系统由应急照明控制器、应急照明集中电源以及各类应急灯具组成：

（一）应急照明控制器

应急照明控制器分为壁挂式和柜式，采用触摸显示屏，方便进行人机交互，操作直观、方便、快捷。应急照明控制器根据火警信息进行联动，自动弹出火灾发生楼层平面图，显示起火点及疏散通道，可直观指示出疏散路径。

（二）应急照明集中电源

系统多采用集中电源，集中控制型系统的集中维护管理功能可以对产品进行自检，对多种功能模块故障进行主报，声光提示。电源具备 300 W、500 W、750 W 三种不同功率，可应用于大小不同的项目；原有应急照明分配电装置功能合并到电源中，节约了成本。具体的技术指标见表 7.1。

表 7.1　　　　　　　　　　技术指标

电源容量 /W	300	500	750
外形尺寸 /mm	590 × 187 × 750	590 × 276 × 800	590 × 310 × 820
防护等级	IP33		
主电额定电压	AC220 V　　50 Hz		
备电	3 节 12 V/20 A · h	3 节 12 V/38 A · h	3 节 12 V/55 A · h
安装方式	悬挂 / 落地		落地
显示屏	LCD 彩色组态屏		
运行环境	温度 0 ~ 40 ℃；相对湿度 ≤ 95%，不凝露		
工作效率	≥ 95%		
应急转换时间 /s	< 5		
备电工作时间 /min	≥ 90		
额定输出电压 /V	DC36		

（三）应急灯具

应急灯具包括应急照明灯具和应急标志灯具，为建筑内人员安全疏散、消防工作人员的作业提供照明和疏散指示，应急灯具在接收到应急照明控制器的指令后改变各自的工作状态。

应急照明灯具正常情况下处于不工作状态，当有类似火灾等突发事故时瞬间切换至应急状态，迅速点亮，为疏散通道提供应急照明。应急标志灯具通常情况下仅提供指示信息，在光线较亮的场所正常情况下一般处于关闭状态，地下室或者光线较暗的场所一般平时也处于点亮状态，当有类似火灾等突发事故时瞬间转入应急状态，应急标志灯具变成闪烁灯光，提示建筑物内人员有危险状况发生。

随着集中控制型消防应急照明和疏散指示系统的广泛应用，新型消防应急灯具的使用量也在增加。新型灯具完全规避了传统灯具现场安装调试的弊端，其特点在于每只灯具具有唯一的二维码，灯具在出厂时，灯具的地址码和自身类型信息均含在二维码中，省掉现场编码和记录信息的工作。疏散指示灯具如图 7.2 所示。

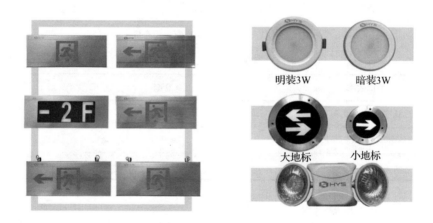

图 7.2　疏散指示灯具

四、系统的设置要求

（一）灯具的选择

《消防应急照明和疏散指示系统技术标准》对于灯具的选择有

如下要求。

（1）应选择采用节能光源的灯具，消防应急照明灯具的光源色温不应低于 2 700 K。

（2）不应采用蓄光型指示标志替代消防应急标志灯具。

（3）灯具的蓄电池电源宜优先选择安全性高、不含重金属等对环境有害物质的蓄电池。

（二）疏散照明设置

（1）除建筑高度小于 27 m 的住宅建筑外，民用建筑、厂房和丙类仓库的下列部位应设置疏散照明：

1）封闭楼梯间、防烟楼梯间及其前室、消防电梯间的前室或合用前室、避难走道、避难层（间）。

2）观众厅、展览厅、多功能厅和建筑面积大于 200 m² 的营业厅、餐厅、演播室等人员密集的场所。

（2）疏散照明灯具应设置在出口的顶部、墙面的上部或顶棚上；备用照明灯具应设置在墙面的上部或顶棚上。

（三）灯光疏散指示标志设置

（1）公共建筑、建筑高度大于 54 m 的住宅建筑、高层厂房（库房）和甲、乙、丙类单、多层厂房，应设置灯光疏散指示标志，并应符合下列规定：

1）应设置在安全出口和人员密集的场所的疏散门的正上方。

2）应设置在疏散走道及其转角处距地面高度 1.0 m 以下的墙面或地面上。灯光疏散指示标志的间距不应大于 20 m；对于袋形

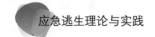

走道，不应大于 10 m。

（2）下列建筑或场所应在疏散走道和主要疏散路径的地面上，增设能保持视觉连续的灯光疏散指示标志或蓄光疏散指示标志：

1）总建筑面积大于 8 000 m² 的展览建筑；总建筑面积大于 5 000 m² 的地上商店；总建筑面积大于 500 m² 的地下或半地下商店。

2）歌舞娱乐放映游艺场所；座位数超过 1 500 个的电影院、剧场，座位数超过 3 000 个的体育馆、会堂或礼堂。

7.1.2 公共应急广播系统

公共应急广播系统是火灾情况下紧急疏散和逃生的重要设备，在整个消防安全管理控制系统中有着极其重要的作用。当建筑物及应用现场出现紧急情况，火灾或其他突发性灾害事件时，公共应急广播系统能自动取消非应急广播信息，将已经录制的特定应急消防广播信息准确、及时地在事故发生区域通过现场扬声器进行播报，指导建筑内人员安全有序地撤离疏散。

一、系统概况

目前国内大多数场所的公共广播系统与应急广播系统为两个独立的个体系统，两系统单独布置，独立布线，费时费力。如果能将两套系统合二为一使其同时拥有两套系统的功能，就可以在很大程度上节约人力物力与财力。公共应急广播系统，平时在建筑内播放背景音乐，在发生火灾或紧急事故时，肩负着自动强行切换音乐源，并以最大音量向设定好的分区广播疏散和警告信息的作用。公共应急广播系统如图 7.3 所示。

目前国内大多数的公共应急广播系统具有以下方面的优势：

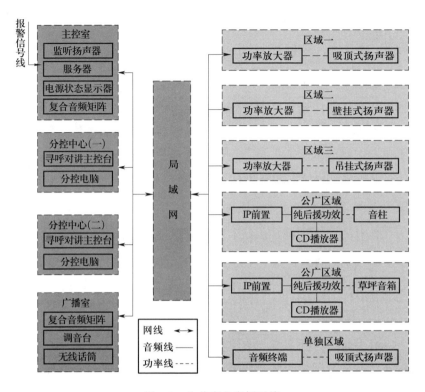

图 7.3 公共应急广播系统

（1）系统具有扬声器检线功能，可以检测到任意扬声器的短路、断路、丢失等故障。该系统为纯数字网络公共应急广播系统，支持跨网段、跨路由传输。

（2）可以在广播过程中实现录音、列表循环播放等语音操作功能，还可以实现定时、分区设置、广播自动播放等功能；全程数字化传输，避免了传统音频广播的信号衰减与噪声，提供高保真音质，可同时播放不同音乐。

（3）系统可设置独立网段与计算机系统分隔，各网络广播适配器的嵌入式系统程序固化，不会受到病毒感染；系统整体稳定可靠，基本无须维护工作。

二、主要功能

公共应急广播系统广泛用于车站、机场、宾馆、商厦、医院和各类大厦等。如今的公共广播集播放背景音乐、宣传、寻呼广播和火灾事故的紧急广播为一体。这是一种通用性很强的广播系统，这种公共应急广播系统具备以下各项功能和技术要求：

（一）播放背景音乐和播放寻呼

背景音乐的作用是掩盖公共场所的环境噪声，创造一种轻松愉快的气氛。背景音乐平均声压在 60～70 dB。在背景音乐中播放寻呼广播时，应设有叮咚或钟声等提示音，以提醒公众注意。

（二）紧急广播

过去紧急广播系统与火灾报警系统结合在一起作为一个独立系统，后来发现由于紧急广播系统长期不用会使其可靠性在试验时没有问题，但在正式使用时便成了"哑巴"，因此，都把火灾报警系统与背景音乐系统集成在一起，组成通用性很强的公共应急广播系统。

（三）优先广播权功能

发生火灾时，消防广播信号具有最高级的优先广播权，即利用消防广播信号可自动中断背景音乐和寻呼找人等广播。

（四）强制切换功能

播放背景音乐时各扬声器负载的输入状态通常各不相同，有的处于小音量状态，有的处于关闭状态，但在紧急广播时，各扬声器的输入状态都将转为最大全音量状态，即通过遥控指令进行音量强制切换。

三、系统组成

公共应急广播系统由控制与指示设备、功率放大器、现场扬声器等部分组成。

（一）控制与指示设备

控制与指示设备是公共应急广播系统的核心控制设备，通过与火灾报警控制器连接，共同完成消防联动控制。集成音源，可存储和播放应急语音及背景音乐，可在紧急情况下提供现场喊话功能。

（二）功率放大器

功率放大器将音频信号放大输出，可接收联动信号，自动播放应急语音。功率放大器具有手动和自动两种控制启动方式，可实现主备电自动切换，具有线路异常自动保护功能。功率放大器能够接入局域网，可播放来自复合式音频矩阵的网络音频输入，可接受广播控制器的访问与控制，能在系统中独立使用，可直接播放来自话筒的音频信号。功率放大器采用独特的消防应急广播功放专用线路设计，具有高可靠性及高稳定性的同时兼有故障检测功能。

（三）现场扬声器

现场播音、应急广播设备可与消防广播系统配套使用。当发生紧急情况时，消防广播系统紧急响应，扬声器做出相应的动作。

四、系统的设置要求

（一）电源的参数要求

（1）公共应急广播系统设备主电源应采用 220 V、50 Hz 交流电源，电源线输入端应设接线端子。

（2）公共应急广播系统设备的电源部分应具有主电源和备用电源转换装置，当主电源断电时，能自动转换到备用电源；当主电源恢复时，能自动转换到主电源。主、备电源的转换不应影响消防应急广播设备的正常工作。

（3）当交流供电电压变动幅度在额定电压（220 V）的 110% 和 85% 范围内，频率为 50 Hz ± 1 Hz 时，应急广播设备应能正常工作。

（二）扬声器的设置要求

（1）建筑内扬声器应设置在走道和大厅等公共场所。每个扬声器的额定功率不应小于 3 W，其数量应能保证从一个防火分区内的任何部位到最近一个扬声器的直线距离不大于 25 m，走道末端距最近的扬声器距离不应大于 12.5 m。

（2）在环境噪声大于 60 dB 的场所设置的扬声器，在其播放范围内最远点的播放声压级应高于背景噪声 15 dB。

7.1.3　国家应急广播体系

一、国家应急广播体系简介

国家应急广播体系是国家利用现代科学技术手段，整合常用的媒体渠道，如广播、电视及其相关系统资源，以最快的速度对特定地区民众发出警报、引导疏散或采取安全措施的紧急告警体系。

二、国家应急广播体系的发展

国家应急广播的构想始于 2008 年，无论在雨雪冰冻灾害，还是四川汶川地震，以及以后各类灾害突发事件，处在事故漩涡中的人们如同置身于孤岛,对信息极度渴求,近年来频发的自然灾害事件让人们更加意识到应急广播在应急逃生中不可替代的作用。

2013年的芦山地震,我国第一次用"国家应急广播"作为广播呼号,在灾区前方对受灾群众进行定向应急广播,作为国家应急广播的"首秀",芦山抗震救灾应急电台在"4·20芦山地震"的抗震救援、灾后重建过程中发挥了重要作用。在党中央、国务院的高度重视下,建立健全国家应急广播体系被放在重要位置。党的十七届六中全会上提出了"建立统一联动、安全可靠的国家应急广播体系"的目标,并将相关体系建设列为"十二五"重点文化事业工程。

2013年12月,国家广播电视总局发布了《推进国家应急广播体系建设工作方案》,全面部署了国家应急广播体系建设的相关安排,并于同年12月3日挂牌成立国家应急广播中心,同时国家应急广播网正式上线,我国国家应急广播体系进入全面建设阶段。2014年9月和2015年11月于北京召开了第一届和第二届中国应急广播大会,大会通过沟通协调政府各单位部门、行业组织、社会团体,整合了相关信息,协调了互相之间部署协作,明确了各自所肩负的职能。2017年9月,国家新闻出版广电总局向各省广电局及相关单位印发了《全国应急广播体系建设总体规划》,规划提出了全国应急广播体系的建设目标:在全国推进应急广播建设,建立健全各级应急广播技术体系、标准体系、管理体系、运行体系和保障体系。到2020年,初步建成中央、省、市、县四级信息共享、分级负责、反应快捷、安全可靠的全国应急广播体系。

三、应急广播体系的组成

全国应急广播技术系统由国家、省、市、县四级组成,各级系统包括应急广播平台、广播电视频道播出机构、应急广播传输覆盖网、接收终端和效果监测评估系统五部分组成。全国应急广播技术系统框架如图 7.4 所示。

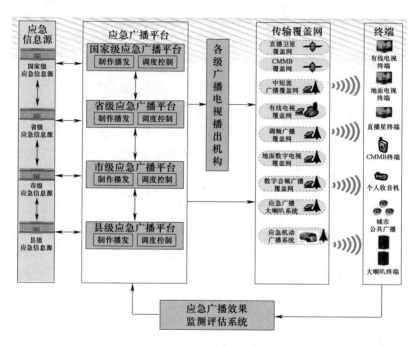

图 7.4 全国应急广播技术系统框架

各级应急广播平台从应急信息源收集、汇聚、共享应急信息，按照标准格式制作应急广播消息，一路发送至所属的传输覆盖网，传输至相应的接收终端，其中处于开机状态的普通终端可直接接收到应急广播节目，具有应急广播功能的终端将被激活并接收到应急广播节目；另一路推送到广播电视频率频道播出系统进行直播、滚动字幕播出和各种新媒体系统播出。应急广播效果监测评估系统在应急广播平台、传输覆盖网及接收终端等环节采集发布内容、设备响应、接收覆盖等数据，综合评估应急广播发布效果。

7.1.4　应急通信系统

在发生火灾时，日常使用的通信系统往往会被损坏，从而可能影响事故情况的报告与人员的逃生，此时应急通信便尤为重要。"应急通信"是指突发紧急事件时，融合各类信息资源、综合各类通信手段，为现场救援保障、现场人员救助、现场综合处置等提供的必要通信手段和方法。在发生紧急情况时，可以通过专用线路，提供方便快捷的通信手段。消防应急通信系统的主要组成部分是消防电话系统，以下主要介绍消防电话系统。

一、系统概况

消防电话系统是消防通信的专用系统，在发生火灾时，可以提供方便快捷的通信手段，是消防报警系统中不可缺少的通信设备。消防电话系统有专用的通信线路，在现场人员可以通过现场设置的固定电话和消防控制室进行通话，也可以用便携式电话插入插孔式手报或者电话插孔与控制室直接进行通话。

当前消防电话系统存在以下的一些弊端：

（1）消防电话主机与消防电话分机进行全双工通话时有杂音现象。

（2）消防电话通话声音小，导致发生火灾时影响通话质量。

（3）消防电话通话线路对于信号干扰要求较高，容易受到其他同管铺设系统的影响。

但总体来说，消防电话系统仍然是发生火灾或其他危险时最为有效可靠的一种应急通信手段。

二、系统主要功能

消防电话的作用是为了在发生火灾的时候，消防控制室的人员可以与火灾现场人员进行实时有效沟通，当发生火灾后，可以及时地通知所在楼层的人员快速安全地疏散撤离到安全位置。

系统的设置位置一般在消防控制室，没有消防控制室一般设在门卫室内。消防电话系统分为总线电话系统和多线电话系统。总线电话系统布线简单、施工方便、工程造价低。而多线电话系统安装调试方便、抗干扰能力强，可靠性高。

三、系统组成

消防电话系统一般由紧急电话主机、紧急电话分机及紧急电话插孔等组成。

（一）紧急电话主机

总线型电话主机二总线输出，方便工程现场施工；可与分机进行全双工通话，可以同时呼叫多部分机；实时自动巡检，及时上报分机故障；自动录音，可存储几百条以上通话记录。多部消防电话分机同时呼叫消防电话总机时，消防电话总机应能选择与任意一部或多部消防电话分机通话。

总机可实时自动巡检，如果有分机发生故障，总机将实时报出故障；如果分机摘机呼叫，总机及时做出呼叫反应；系统显示屏采用液晶汉字图形显示，可以直观地了解各种功能操作及工作状态。

（二）紧急电话分机

通过消防电话分机可迅速实现对火灾的人工确认，并可及时掌握火灾现场情况，便于指挥灭火工作。消防电话分机采用专用电话芯片，工作可靠，通话清晰，使用方便灵活。与主机配合使用，紧急情况下摘机即可呼叫主机，操作方便，话音清晰。

四、系统的设置要求

（一）总机的设置

（1）收到消防电话分机呼叫时，消防电话总机在3 s内发出呼叫声、光信号，显示该消防电话分机的呼叫状态，声信号应能手动消除。接通后，呼叫声、光信号应自动消除，消防电话总机显示该消防电话分机为通话状态。

（2）处于通话状态的消防电话总机，在有其他消防电话分机呼入时，应发出呼叫声、光信号，通话不应受呼叫影响。当消防电话分机再次呼叫消防电话总机时，消防电话总机应能再次发出呼叫声、光信号。消防电话总机在通话状态下应具有允许或拒绝其他呼叫消防电话分机加入通话的功能。

（3）在发生下列故障时，消防电话总机应能在100 s内发出与其他信号有明显区别的故障声、光信号。

1）消防电话总机的主电源欠压。

2）给备用电源充电的充电器与备用电源之间连接线断线、短路。

3）备用电源向消防电话总机供电的连接线断线、短路。

在故障期间，如非故障的消防电话分机呼叫消防电话总机，消防电话总机应能发出呼叫声、光信号，并能与消防电话总机正常通话。

（二）分机的设置

（1）消防电话分机的正常监视状态应有光指示；分机与总机应能进行全双工通话。

（2）消防电话分机摘机即自动呼叫消防电话总机，呼叫时受话器应有回铃音，回铃音应符合《电话自动交换网铃流和信号音》的要求。分机在总机退出通话状态时，应有忙音提示，忙音应符合《电话自动交换网铃流和信号音》的要求。

（3）在收到总机呼叫时，应在 3 s 内发出声、光指示信号；消防电话分机之间不能通话（由消防电话总机参与的多方通话除外）。

7.1.5　应急电源监控系统

应急电源监控系统也就是消防设备电源监控系统。现代大体量建筑、公众集聚场所建筑和一类高层建筑越来越多，其消防控制中心控制着自动报警系统、应急照明系统等多个消防安全系统的操作，是建筑消防安全的关键。因此，在发生火灾情况下，如果消防设备电源不能可靠、稳定地工作，投入大量资金的消防设施可能形同虚设，所以在日常工作中应当采用电源监控系统对电源进行监测。

一、系统概况

消防设备电源监控系统依据国家标准《消防设备电源监控系统》（GB 28184—2011）研制开发，针对消防设备的电源进行监控，通过传感器对消防设备的主电源和备用电源进行实时检测，从而判断电源设备是否有过压、欠压、过流、断路、短路以及缺相等故障，能在第一时间快速地反映出被监控设备的电源状况，并集中显示，从而有效避免了火灾发生时消防设备无电可用的尴尬情况，最大限度地保障了消防联动系统的安全性。

二、系统主要功能

消防设备电源监控系统具有以下几种主要的功能：

（一）监控报警功能

监控报警模块用以监控消防设备电源回路的开关状态以及设备电源的工作状态（包括电压、电流以及报警状态信息）；报警的响应时间不超过 30 s，报警信号可以手动消除，当再次有报警信号输入时可以再次进行响应；报警信号灯一般为红色指示灯常亮。

（二）故障报警功能

监控系统可以用来监视监控器与模块（电压/电流信号传感器）之间的连接线是否断路、短路以及主电源欠压（小于80%主电源电压）或过压（大于110%主电源电压）；用于监测监控器与其分体电源间连接线是否断路、短路，监控器出现以上故障时，发出与监控报警信号有明显区别的声光故障报警信号。故障报警响应时间不超过 100 s，故障报警声信号可以手动消除，再次有报警信号输入时能再次启动。故障报警一般为黄色指示灯常亮，且在故障期间非故障部分不会受到影响。

（三）控制输出功能

该系统可以对个别或全部的被监控系统的报警继电器进行远程遥控操作，可以进行通信线路以及分体电源的短路以及断路自检；可记录多条相关的故障报警信息，记录信息包括故障类型、发生时间以及故障描述；报警事件可以直接通过监控主机进行查询。

三、系统组成

消防设备电源监控系统由电源状态监控主机以及监控传感器（包括电压传感器、电流传感器、电压 / 电流传感器的部分或全部）组成。

（一）监控器

系统的监控器可联网实现所有故障集中显示，监控器与传感器之间的通信采用两总线通信方式，供电与通信共用一对双绞线缆。显示屏采用 7 英寸彩色触摸控制液晶屏方便进行人机交互与操作。监控器监测的消防设备电源发生故障或中断供电故障时可分别提供继电器输出控制功能。传感器方位信息可在计算机编辑完成后一次下载到监控器内，故障发生时可自动打印故障信息。

（二）传感器

消防电源监控传感器是专门为监测使用单相交流或三相交流的消防设备而设计的，具有极高专门性的电气参数监测传感器。它体积小，节约空间，方便安装，能够分析被监控设备电源的过压、欠压、过载等电气故障，并迅速上传至监控设备，可应用于对各种报警设备的电源的监测。

四、系统设置

（一）消防电源监控器

消防电源监控器（以下简称监控器）能为其连接的部件供电，直流工作电压应符合《标准电压》（GB/T 156—2017）的规定，可优先采用直流 24 V；电源应设主电源和备用电源。主电源应采用 220 V、50 Hz 交流电源并设置过流保护措施，电源输入端应设接线端子。

监控器能接收并显示其监控的所有消防设备的主电源和备用

电源的实时工作状态信息。监控器在以下情况下应能在 100 s 内发出故障声、光信号，显示并记录故障的部位、类型和时间。

由软件控制实现各项功能的监控器，当程序不能正常运行时，监控器应有单独的故障指示灯指示主程序故障。故障排除后，故障信号可自动或手动复位。复位后，监控器应在 100 s 内重新显示尚存在的故障。监控器至少能记录上千条相关故障信息，并且在监控器断电后保持 14 d。记录的相关故障信息可通过监控器或其他辅助设备查询。

（二）电压 / 电流信号传感器

电压 / 电流信号传感器应能按制造商的规定要求将采集的信号传输至监控器。电压 / 电流信号传感器工作范围应满足制造商的规定，其输出信号应不大于 12 V。对于能够连续采集电压 / 电流值的电压 / 电流信号传感器，其电压 / 电流采集误差不应大于 5%。

（三）指示灯和显示装置

指示灯以颜色标识，故障状态用黄色指示，主电源和备用电源工作正常用绿色指示，灯上或靠近的位置上应清楚地使用中文标注功能。在 100 ~ 500 lx 环境光线条件下，在正前方 22.5° 视角范围内，状态指示灯和电源指示灯应在 3 m 处清晰可见，其他指示灯（器）应在 0.8 m 处清晰可见。指示灯采用闪亮方式的指示灯，每次点亮时间应不小于 0.25 s，故障指示灯闪动频率应不小于 1 Hz，用一个指示灯（器）显示具体部位的不同状态时，应能明确分辨。

7.1.6 人员定位系统

一、基于 GIS 的化工园区应急疏散辅助决策系统

基于 GIS 的化工园区应急疏散辅助决策系统的工作流程为：

（一）事故点定位及事故的后果分析

该系统将 GIS 技术与事故后果数学模型相结合，可以快速定位园区事故发生地点，从而确定突发事件事故后果的影响范围，再利用编程语言对 GIS 相关组件进行二次开发，将事故后果在 GIS 地图上可视化。突发事件事故后果预测显示的操作步骤如图 7.5 所示。

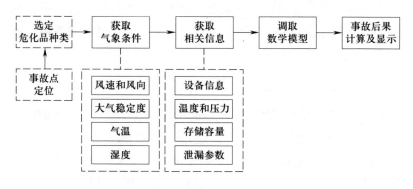

图 7.5　基于 GIS 的事故后果预测操作步骤

（二）划定疏散区域

传统的疏散区域确定方式多是由有一定经验的专家，凭经验在地图上划定，这种划定方式精度不高、效率也较低。而基于事故后果预测模型，结合 GIS 强大的空间分析以及可视化功能，在计算机的辅助下可以高效准确地划定疏散区域，这对顺利组织实施应急疏散具有十分重要的意义。

疏散区域由三个表征参数确定：

（1）半致死浓度（LC50）。该区域浓度值大于或等于该值，则区域内的人员有 50% 的概率因中毒死亡。

（2）半失能浓度（IC50）。该区域浓度大于或等于该值，小于

LC50 值时，该区域内的人员有 50% 的概率因中毒而出现失能。

（3）半中毒浓度（PC50）。该区域浓度大于或等于该值，小于 IC50 值时，该区域内的人员有 50% 的概率受到中毒伤害。

根据具体泄漏物质的 LC50、IC50、PC50 浓度值，在 GIS 图中画出相应的浓度等值线，以 PC50 等浓度曲线即轻伤区作为划定疏散范围的参考依据，如图 7.6 所示。

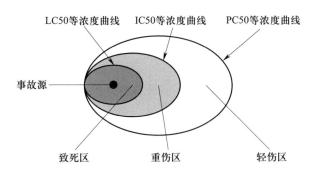

图 7.6　疏散范围划分参考依据

（三）确定应急避难场所

确定了疏散区域后，还需解决将疏散区域内的人员疏散到哪里去的问题，也就是确定应急避难场所的问题。该系统建立了一套基于 GIS 的避难点选址模型，帮助园区管理者在决策时有相应的技术支撑，使得决策更合理及准确。

应先借助 GIS 的空间分析功能或专家经验得到备选避难点的方案，再基于层次分析法的思路，把影响选址问题的因素一层一层分解到最底层，再计算最底层因素的合成权重，基于各个影响因素及权重构建选址模型，最后利用改进 TOPSIS 法的基本思路计算得到最优避难点方案。

（四）确定疏散路径

在确定了疏散起点和应急避难点后，基于化工园区应急疏散辅助决策模型及 Dijkstra 算法，可分别计算多个疏散集结点到多个应急避难点的最优路径。该部分在系统后台自动进行计算，完成后在 GIS 中上可视化各个集结点到相应避难点的最优路径，同时在界面上具体显示各个疏散起点到相应避难点的路径长度信息及估算时间。

二、MEG 应用系统

（一）简介

对于核事故应急响应，许多国家都规定了一些保护公众的战略。但是，进行核事故现场疏散时，还没有供公众使用的在核事故现场疏散行动指南，基于此，Tsai 等人开发了面向公众的 MEG（移动行动指南）应用程序。MEG 通过将 GIS 和 AR 技术集成到手机上，来为用户提供疏散指导。

（二）应用系统原理

当核事故现场的用户需要自我逃生时，用户与 MEG 进行交互以执行信息查询，访问交换信息并与其他用户进行协作。为弥补手机的存储能力有限这一缺陷，在用户和 MEG 之间构建了多个信息服务器以进行信息交互，用户、MEG 和信息服务器之间的信息流是三层服务器—客户端框架，包含信息表述、信息分析和信息过滤三个主要信息过程，如图 7.7 所示。

（三）应用系统的使用流程

1. 选择 GIS 地图代表用户的当前位置

当用户收到警报时，可确认是否在核事故现场。MEG 开启

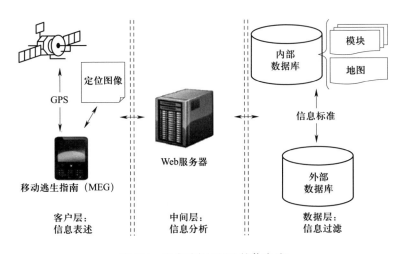

图 7.7 用户访问 MEG 的信息流

了手机中内置的 GPS 功能，为用户提供了二维（2D）电子地图和卫星地图两种地图的选择，以在地图上显示用户位置。

2. 执行基于 AR 的逃生准则

MEG 的独特功能是通过集成捕获的真实图像和生成的虚拟图像来提供逃生准则。与使用纸质地图不同，用户可以直接从 MEG 直接获得图像，用户指定了查询区域后，MEG 会在手机屏幕上突出显示临时避难所。

3. 访问有关核事故的救助报告

根据核事故的发生程度，救灾工作所需的时间有所不同。为了了解核事故的进展，用户能够实时访问救援人员宣布的报告。

4. 过滤 GIS 图层以决定自救策略

基于多种因素（如天气和地形），放射性物质扩散的速度不同，将受核事故影响的区域分为 5 km²、10 km² 和 15 km²，这些区域有急救队、放射监测站和临时收容所，这些场所在 MEG 中被标识为 GIS 层。用户对 GIS 图层进行过滤，以在地图上描绘有用的信息。此外，用户可以要求 MEG 在表中列出逃生路线，并检查 GPS 状态以提高检测到位置的准确性。

7.1.7　物联网平台技术

一、消防物联网的概念

消防物联网是指通过物联网信息传感与通信等技术，将传统消防系统中的设备设施通过社会化消防监督管理和消防救援机构灭火救援涉及的各位要素所需的消防信息链接起来，构建高感度的消防基础环境，实现实时、动态、互动、融合的消防信息采集、传递和处理，能全面促进与提高政府及相关机构实施社会消防监督与管理水平，显著增强消防救援机构灭火救援的指挥、调度、决策和处置能力。

二、现状分析

随着社会和经济的不断发展，城市高层建筑、大型建筑日益增多，火灾隐患也大大增加，关乎人民群众生命财产的消防工作日益重要。目前很多建筑安装了消防火灾自动报警系统，可在一定程度上实现火灾预警。这些消防监控系统基本都是各单位独立选购安装与独立工作的，监控系统一旦发现火灾就会发出警报，单位值班人员收到警报后立即验证，确认火灾后通知消防单位，由消防单位进行扑救。但是由于人工处理过程中的疏漏和渎职，人为因素导致火灾信息漏报、迟报，报警设备出现故障没有及时回复开通的情况时有发生，由此造成火势蔓延，酿成巨大损失。

物联网平台系统能实时接收、显示联网单位的火灾自动报警系统及其联动系统各个监控点报警信息，通过语音通信和数据通信对火警信息进行判别确认，并将真实情况及时向消防指挥系统传送，提高火灾报警的及时性和可靠性。

通过平台化的规范管理，落实消防设备责任制，严格日常管理，随时掌握本单位变电站消防设施运行情况，建立消防档案，实现消防异常告警诊断，制作灭火预案，隐患登记整改，提高单位自身的消防安全管理水平。

三、消防物联网的组成

消防物联网主要由火灾自动报警系统、消火栓系统及自动水喷淋灭火系统、防烟排烟系统、电气火灾监控系统、火灾智能识别视频监控系统等及终端设备组成，如图7.8所示。

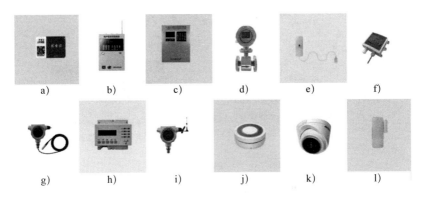

图 7.8 消防物联网终端设备

a）巡检标签　b）用户信息传输装置　c）无线风系统、水系统多点采集终端
d）无线水流监测装置　e）无线水浸监测装置　f）无线温、湿度传感器
g）无线水位单点采集终端　h）无线电气火灾监控装置　i）无线水压单点采集终端
j）无线光电感烟火灾探测报警器　k）智能摄像机　l）无线防火门监控装置

（一）火灾自动报警系统

火灾自动报警系统能在火灾初期，将燃烧产生的烟雾、热量、

火焰等物理量，通过火灾探测器变成电信号，传输到火灾报警控制器，并同时以声或光的形式通知整个楼层疏散，控制器记录火灾发生的部位、时间等，使人们能够及时发现火灾，并及时采取有效措施。

集中监管分布在各区块的消控中心，基于智能化分析火警、故障，并多级警告，实现减人增效，提升楼宇消防安全管控应急能力，降低风险隐患。火灾自动报警主机在接收到火灾报警信息后，将数据上传至云端，社会单位自管平台及移动端实时推送报警数据，将显示火灾发生的部位、时间等，并将信息推送给相关人员，如图7.9和图7.10所示。

火灾自动报警主机

用户信息传输装置

报警数据上传

用户实时接收主机火灾报警

大屏声光报警提示

图 7.9　火灾报警信息上传

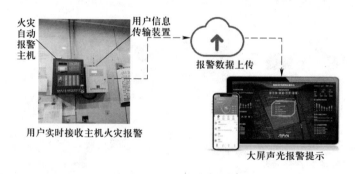

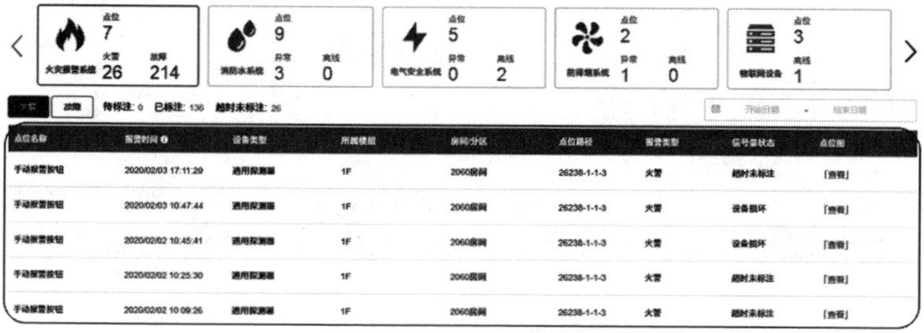

图 7.10　平台数据显示

（二）消火栓系统及自动水喷淋灭火系统

室内消火栓系统在建筑物内使用广泛，用于扑灭初期火灾。在建筑高度超过消防车供水能力时，室内消火栓系统除扑救初期火灾外，还要扑救较大火灾。室内消火栓系统由水枪、水带、消火栓、消防管道和水源等组成。当室外给水管网的水压不能满足室内消防要求时，还要设置消防水泵和水箱。

水喷淋灭火系统由开式或闭式喷头、传动装置、喷水管网、湿式报警阀等组成。发生火灾时，系统管道上的水喷头遇高温自爆（一般是 68～70 ℃）通过安装在支管管路上的水流指示器动作并反馈给火灾报警控制系统控制器来控制启动喷淋泵，并设有手动启动装置。

消火栓及自动水喷淋灭火系统的智能监测，以新一代物联网技术远程感知消防设施设备状态，通过智能感知算法、数据模型与可视化展示效果，立体呈现水泵房的管网压力、液位参数和水泵的运行、故障、手动自动等状态，实时监测泵房温度、湿度等环境因素，如图 7.11、图 7.12 和图 7.13 所示。

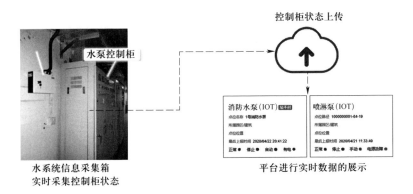

图 7.11　控制器状态信息采集上传

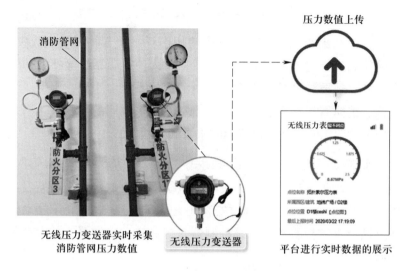

图 7.12　管网压力信息采集上传

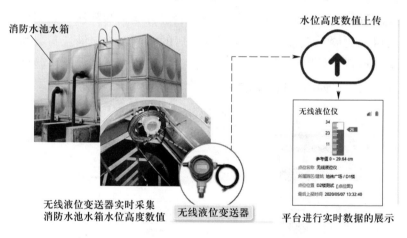

图 7.13　水位信息采集上传

（三）防烟排烟系统

防烟排烟系统由送排风管道、管井、防火阀、门开关设备和送、排风机等设备组成。机械排烟系统的排烟量与防烟分区有着直接的关系。高层建筑的防烟设施应分为机械加压送风的防烟设施和可开启外窗的自然排烟设施。

防烟排烟系统物联网对风量、差压和风机控制柜的电源故障、启停、手自动状态等远程监测，让机械防烟排烟系统的运行情况在多屏终端可视化，及时发现问题，系统派单维修保养，确保防烟、排烟风机的状态实时掌控，如图 7.14 所示。

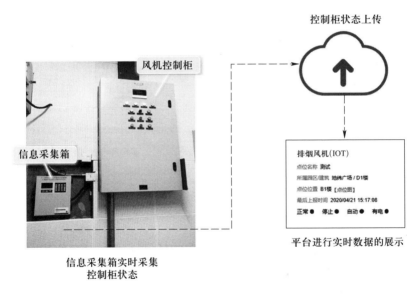

图 7.14　排烟风机信息采集上传

（四）电气火灾监控系统

电气火灾监控系统是指当被保护线路中的被探测参数超过报警设定值时，能发出报警信号、控制信号并能指示报警部位的系统。

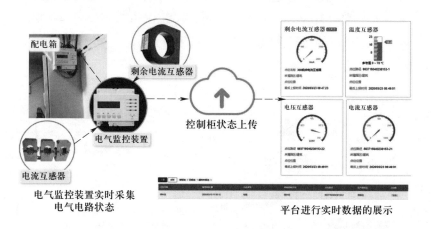

电气安全系统通过物联网技术实现对线缆温度、电流、电压和漏电进行不间断的数据采集和分析，实时发现电气故障和安全隐患，如线缆温度异常、短路、过载、过压、欠压及漏电等，依托电气火灾大数据分析技术，实现对电气火灾隐患的识别、预警、管理，从而有效防止电气火灾的发生，如图 7.15 所示。

图 7.15　电气电路状态信息采集上传

（五）火灾智能识别视频监控系统

火灾智能系统基于智能视频分析，自动对视频图像信息进行分析识别，无须人工干预，及时发现监控区域内的异常烟雾和火灾苗头，以最快、最佳的方式进行预警，有效地协助消防人员处理火灾危机，并最大限度地降低误报和漏报现象。同时还可查看现场实时图像，根据直观的画面直接指挥调度救火。

除了火焰识别功能以外，还可以拓展到吸烟识别、人员在岗识别、消防通道堵塞识别等，如图 7.16 所示。

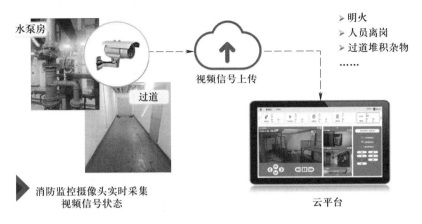

图 7.16　视频信息上传

四、人员管控功能

物联网平台除对消防设备设施的状态信息进行采集和上传并分析处理外，还可对相关人员的工作进行管控。

（一）安防巡更

通过先进的移动自动识别技术，将巡逻人员在巡更巡检工作中的时间、地点及情况自动准确记录下来。它是一种对巡逻人员的巡更巡检工作进行科学化、规范化管理的全新技术，是治安管理中人防与技防一种有效的、科学的整合管理方案。巡更人员打开手机 App，将手机靠近 NFC 电子巡更点，即可完成巡更工作，实现无纸化巡更，如图 7.17 ~图 7.20 所示。

（二）消防巡检

巡检功能通过对贴在需要检查的消防设施设备处的 NFC 电子标签设定检查指标，再结合巡检路线与排班组所形成的巡检计划，来实现对消防设施设备的检查工作。拥有完善的设备检查指标库所支撑的巡检任务，为巡检工作的专业性提供支持。巡检人员通过 NFC 电子标签来实现巡检工作，保证了检查工作的真实性和完整性，如图 7.21 和图 7.22 所示。

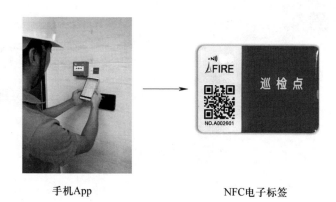

手机App   NFC电子标签

图 7.17　手机 App 操作

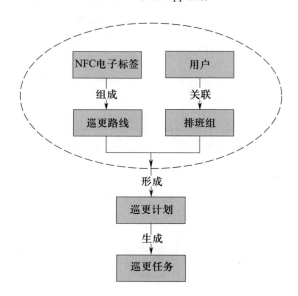

图 7.18　安防巡更流程

图 7.19 在线生成巡更计划

图 7.20 巡更记录

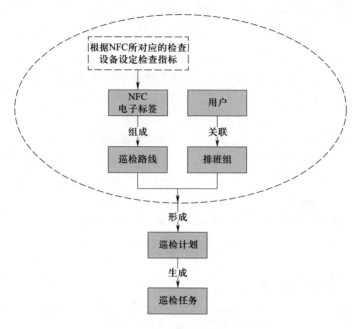

图 7.21 消防巡检流程

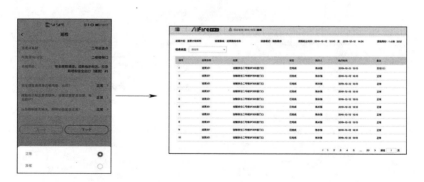

图 7.22 巡检记录

（三）智慧维保

智慧维保功能采用项目制管理，设施设备标准化，维保指标标准化，维保工作流程化，重点解决传统维保工作中"乱""错""漏"等问题，如图7.23和图7.24所示。

（四）事件处理

火警事件、隐患事件、故障事件等都具有完整的处理工作流程，根据事件紧急程度的不同，设定不同的通知方式。

处理各类事件时，均具有采用自权威报告的原因标注类型，在后续的数据分析中，可得出针对性的消防工作指导建议，如图7.25和图7.26所示。

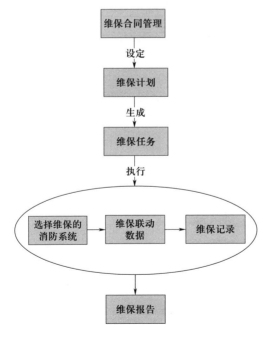

图7.23 智慧维保流程

图 7.24 智能生成消防维保报告

图 7.25 火警处理

图 7.26　隐患处理

（五）月度报告

全面的多维度数据分析：对物联网监测数据、人员工作情况，从时间、空间、人员、消防系统等多个维度进行数据分析及环比，直观地反映月度消防管理工作情况。

专业性的工作指导建议：应用算法，结合数据分析结果，对消防管理工作提出专业性的指导建议。

综合的建筑管理工作评价：结合所有的数据分析结果，对当月的消防工作作出综合评分及评价，如图 7.27 所示。

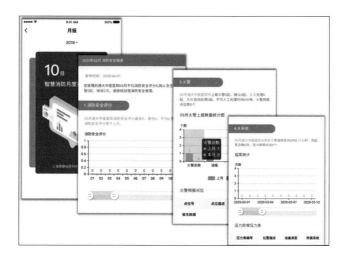

图 7.27　月度报告

7.1.8 安消一体化

一、安消一体化的概念

安消一体化是通过物联网平台，将安全防护系统和消防防护系统进行有机结合、统筹管理的一种新型管理模式，它以物联网平台为载体，通过对安防和消防系统的统筹管理，对"人、事、物"的管理实现全域覆盖、全时可用和全局可视，从而完成安防和消防系统的有机融合。

二、安消系统管理现状分析

新时代背景下，传统与非传统的消防安全因素相互渗透、相互交织，火灾的不确定性、多样性和不可控因素增多，给单位消防安全管理带来新的挑战。安消系统管理存在的主要问题如下：

（1）目前大部分的重点单位都安装火灾自动报警系统，但是这些系统没有实现可视化管理，同时安消系统相对独立，资源没有有效整合，信息孤岛、数据不联网、信息传播滞后的情况普遍存在。

（2）有一些安全隐患没有办法及时感知，比如消防通道堵塞，消防安全门的开关状态和损坏情况，电动车停放情况等，现在这些问题大多通过人的巡检解决。

（3）发生火灾更多通过人员到现场进行确认，没有有效利用现有的安防视频资源进行远程确认。

（4）虽然单位有安防管理系统和消防管理系统，但是发生事故的时候更多是在两个系统之间进行查找和切换，效率非常低，影响处置效率。

三、安消一体化系统的组成及优势

（一）系统组成

安消一体化管理集成消防子系统、视频子系统、门禁子系统等三部分统一接入中心平台，形成安消一体平台。它打破了单位消防系统、视频监控系统、出入口管理系统等相互独立的现状，实现消防信息共享和有效利用，为及时发现火灾、监视火情、应急响应与疏散指挥等提供有效手段，提升了单位应急指挥处置能力及火灾防控的整体水平，实现安消一体管理、应急联动，如图 7.28 所示。

图 7.28　安消平台功能组件化

安消一体化管理将视频、消防、门禁、考勤、梯控、巡更、访客、可视对讲、报警、动环、停车场等模块集成在一个系统里，通过标准的界面，可提供一个开放、集成、可视、综合联动、统一运维的安消一体管理平台，如图 7.29 所示。

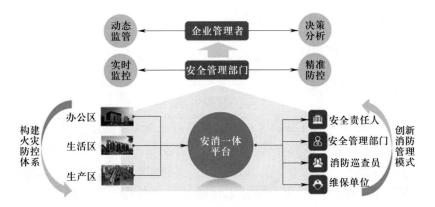

图 7.29 安消一体化平台

1. 消防子系统

消防子系统包含火灾自动报警系统监测、消防水系统监测、电气火灾监测、感烟探测、可燃气体探测、可视化巡查等功能，需要用的设备为各类消防感知设备、网关、用传等。发生报警时，平台支持特殊声音提醒并可围绕消防安全责任链逐级上报、多级推送。

（1）火灾自动报警系统监测。消防子系统将各个消控中心独立运行的火灾自动报警系统进行集中联网，实现在同一平台进行报警接收与处理，平台可联动视频，查看报警点位附近的视频监控，对火灾情况进行复核，可查看报警点位在楼层平面图的具体位置，方便快速响应。火灾自动报警系统监测界面如图 7.30 所示。

（2）消防水系统监测。平台将社会单位消防设施统一管理，实时查看消防水系统状态，包括喷淋管网压力、消火栓管网压力、消防水池液位等，及时发现消防水系统隐患，确保消防管网状态正常。若发生火灾时，通过平台显示的水系统工作状态，直观有效地指导消防工作，确保水系统有效发挥作用。

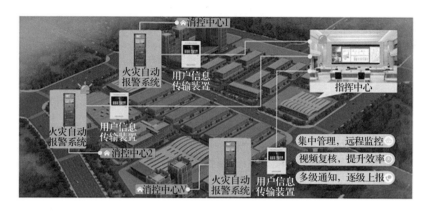

图 7.30　火灾自动报警系统监测界面

（3）可燃气体探测。当监控区域天然气浓度达到报警值，可燃气体探测器会立即发出声光报警信号，并联动电磁阀、机械手等关闭燃气阀门，排风扇自动打开，开窗器打开窗户等，在危险发生之前，迅速将天然气排出。用户可通过手机或电脑客户端实时监测现场环境情况，实现数据分析、及时报警、智能操控，将火情状态、室内温度以及探测器分布状况等展现在电子地图上，同时可以启动相应监控点，抓拍预览现场视频帮助确认火情，将火灾控制在萌芽状态。

（4）感烟探测。平台可以实时查看设备在线状态。当火灾发生时，终端的独立式光电感烟探测器自动发送感烟报警给物联网消防报警网关，网关将推送报警信息给平台，平台以电话通知、手机 App 推送、邮件、短信等方式及时通知相关负责人。物联网感烟探测报警系统如图 7.31 所示。

2. 视频子系统

视频子系统包含各类安防相机、网络视频录像机（NVR）、消防

图 7.31　物联网感烟探测报警系统

智能分析仪等设备，除了发挥安防视频监控功能外，对可视化的烟雾检测、温度检测、火灾视频复核也起到重要作用。

（1）重点区域温度监测。针对仓库、机房、重点档案室、实验室、电缆间等重点防火区域安装安消智能摄像机，设置相应的安消智能检测机制，实现物体或区域表面高温报警/火点报警，实现对极早期的火灾预警，避免火灾损失。

（2）可视化烟雾探测。可视化烟雾探测器可以实现视频、感烟与感温的融合，在视频监控的同时，检测到高温或者烟雾的情况可以实现视频联动报警。

（3）消防控制室值守监控。通过智能分析技术，对消防控制室人员在离岗和持证上岗行为进行智能检测，提高消防控制室人员管理效能。

（4）消防通道监控。利用深度学习智能算法，对消防通道堵塞、电动车违停充电等违规现象进行智能监管，实时展示报警位置、报警类型，支持报警视频预览、回放、抓图等。

（5）应急疏散指挥可视化。通过配置火灾逃生路线视频应急预案，确认火灾发生地点后，可通过平台查看应急疏散通道逃生路线的视频画面，便于值班人员实时了解人员疏散情况，辅助远程疏散指挥调度。

3. 门禁子系统

门禁子系统包含人员通道、磁力锁、门禁控制器等各类门禁设备。疏散门禁控制：当报警确认为火警后，除了消防本身要求的硬联动之外，系统还提供双保险能力，通过平台控制门禁系统常开，便于人员及时疏散。

（二）系统管理优势

（1）平台组件化设计，可灵活拓展业务功能模块，旧的和新建系统均部署方便。

（2）将视频、消防、门禁、考勤、梯控、巡更、消费、访客、可视对讲、报警、动环、停车场等模块集成在一个系统中，通过标准的界面，为客户提供一个开放、集成、可视、综合联动、统一运维的安消一体管理平台。

（3）平台可视化管理，配套手机 App，随时查看消防报警、设施状态与统计分析数据，以及报警视频复核、应急疏散指挥，实现消防全时可用、全局可视。

（4）采用智能视频技术，实现对区域火点检测、烟雾识别、逃生通道物品堵塞、消防通道车辆占用、电动车违规充电或停放、消防控制室人员在离岗、消防控制室人员持证上岗等智能监测应用。

（5）平台各子系统联动策略设计，消防报警可调用安防资源进行响应，提升单位安全管理水平。

安消一体化管理可以为银行、学校、医院、电力、社区、工厂、园区、楼宇等各行业单位进行安防消防系统化的统一管理，打破传统的单位消防系统、视频监控系统、门禁系统等相互独立的现状，做到资源整合后的优势互补，实现消防报警联动安防系统的安消一体管理，为及时发现火灾、监视火情、人员疏散、应急处置等提供有效手段，提升单位火灾防控水平。

7.2 应急逃生主要装备

7.2.1 缓降器

一、设备概述

缓降器又叫自救逃生缓降器，是一种普遍用于高楼自救逃生的装置，是楼房建筑突发火灾或其他灾难时被困者迅速逃离危险的有效逃生工具。按缓降器的制动原理可以分为：摩擦制动式、流体阻尼式和电磁阻尼式。

缓降器一般由调速器、安全吊带、挂钩（或吊环）、安全绳索等部件组成。缓降器可以安装在建筑物的阳台、楼房平顶或者窗口等处，也可以安装在举高消防车上，用于营救处于高层建筑物火场上的受难人员，如图 7.32 所示。

二、使用方法

使用者在自动缓降器使用过程中可依靠自身重量而产生的摩擦进行下降，一般的缓降器为单人循环使用，在使用者下降的过程中，缓降器的另一端同时上升，为下一个人的使用做准备。

缓降器具体的使用方法如下：

（1）当发生火灾时，取出缓降器，将挂钩挂在预先安装好的挂板上，拧紧长条螺丝，保证挂钩可靠。

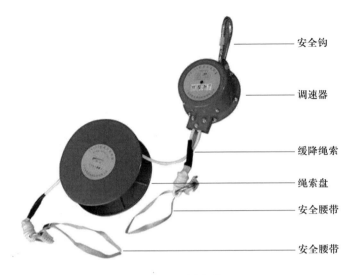

图 7.32　缓降器

（2）将钢丝绳投向地面，要保证钢丝绳在最短的时间顺利展开至地面，确保绳索垂直没有打结。

（3）将安全带套至自己的腋下，将金属扣拉至最紧，使其在下降过程中不会松动或者脱落。

（4）双手扶墙爬出窗外，下降过程中一手扶墙，一手抓紧安全带和绳索，注意不可抓上升的绳索，缓降器会将人员匀速、安全地送至地面。

（5）安全落地后，摘下安全带，顺势下拉绳索，使有安全带的一端到顶，以方便下一个人使用。

7.2.2　逃生梯

一、设备概述

逃生梯适用于住较低层建筑的人员逃生，是专业人员进行营

191

救的工具。逃生梯材质多采用防火材料，坚韧结实，一般总长度为 20 m 左右，可供多人同时逃生。逃生梯分为专用固定式逃生梯和悬挂式逃生梯。

固定式逃生梯采用固定框架和传动链踏板结构，与建筑物固定连接，是当建筑发生火灾时使用者靠自重以一定的速度自动下降并能循环使用的一种金属逃生梯，它能在发生火灾或紧急情况时，在短时间内连续将高楼被困人员安全疏散至地面，如图 7.33 所示。

图 7.33　固定式逃生梯示例

悬挂式逃生梯是指展开后悬挂在建筑物外墙上供使用者自行攀爬逃生的一种软梯，其平时可收藏在包装袋内，使用时将逃生梯首部固定在窗口，然后逃生人员依次向下逃生。悬挂式逃生梯安装方法简单却很实用，缺点是不能适用于较高楼层用户逃生，逃生速度慢较，安全系数较低，当人处于极度慌张情绪中极易发生踩空或者抓空现象，如图 7.34 所示。

二、使用方法

固定式逃生梯在每层窗口或安全出口处设立逃生通道，便于被困人员及时搭乘逃生梯进行逃生。在使用时首先靠近逃生梯，

图7.34　悬挂式逃生梯

拉动平衡杆，将脚踏板拉到与脚面平行位置；然后双手抓牢平衡杆，双脚踏上脚踏板，逃生梯开始下降工作；最后，在即将到达地面时，单脚离开脚踏板准备下梯，单脚落地时，松开双手，双脚离开脚踏板离开即可。

在安装悬挂式逃生梯时，首先将逃生梯的首部挂钩固定在窗台或者阳台上，同时将安全挂钩挂在周围牢固的物体上，然后将逃生梯向外垂放，让其与地面垂直，形成一条垂直的救生通道。在使用逃生梯向下时，注意手和脚的用力适中，身体紧贴梯子，以防换手时发生摇晃，同时要注意两手不能同时松开，以防发生坠落事故。

三、技术参数要求

逃生梯应符合一定的技术要求，如下所述：

（一）结构和外观要求

逃生梯的金属件应进行防腐蚀处理，无锈蚀、斑点、毛刺等缺陷；梯档或踏板的踏脚面应进行防滑处理；传动链或边索应结构一致、粗细均匀、无扭曲及磨损现象。

固定梯的两侧应设置防护栏，踏板上方设置扶手；固定梯的传动系统应运转灵活，传动部件的外部应有防护措施；固定梯的涂层应表面光洁、色泽均匀；悬挂梯使用的钢丝绳外表面应无磨损现象。

悬挂梯使用的钢质链条各环间应转动灵活，链环形状应一致，链条应顺直，无尖角或锋利边缘；悬挂梯使用的织带应加锁边线，末端应折缝且不留散丝；绳索绳头应不留散丝，末端编花前应经燎烫处理。

（二）固定式逃生梯的技术要求

（1）踏板应能承受 3 倍于单块踏板最大负荷的载荷，经强度试验后，踏板不应出现断裂或明显变形现象。

（2）固定梯的踏板和传动链应能承受 3 倍于单块踏板最大负荷的剪切载荷，经踏板对传动链的剪切试验后，踏板、传动链以及两者的连接处均不应出现断裂或明显变形现象。

（3）固定梯的扶手应能承受 1.5 倍于单块踏板最大负荷的载荷，经强度试验后，扶手最大弯曲变形不应大于 2 mm。

（4）固定梯的踏板在整梯最小负荷、单块踏板最大负荷以及整梯最大负荷状态下的下降速度应为 0.1 ~ 0.4 m/s；固定梯应设置应急制动机构，当踏板的下降速度大于 0.5 m/s 时，应急制动机构应能自动停止固定梯的运行，且能通过手动操作将有负载的踏板缓慢安全降至地面。

（5）固定梯的基本参数应符合表 7.2 的要求。

表 7.2　　　　　　　　　　　固定梯基本参数

基本参数	技术指标
梯宽 /mm	≥ 500
踏板间距 /mm	3 000 ± 50
踏板宽度 /mm	≥ 200
最大承载人数 / 个	整梯踏板数量除以 2 后的整数值
整梯最小负荷 /N	343 ± 5
单块踏板最大负荷 /N	981 ± 5
整梯最大负荷 /N	（981 ± 5）× 最大承载人数

（三）悬挂式逃生梯的技术要求

（1）悬挂梯的上端应能可靠固定在建筑物上。梯身展开时应灵活可靠，不应出现缠绕、打结或卡阻现象，撑脚应能全部张开并支撑在墙面上。

（2）悬挂梯的梯档应能承受 3 倍于单节梯档最大负荷的载荷，经强度试验后，梯档不应出现断裂或明显变形现象。

（3）悬挂梯的梯档和边索应能承受 3 倍于单节梯档最大负荷的剪切载荷，经梯档对边索的剪切试验后，梯档、边索以及两者的连接处均不应出现断裂或明显变形现象。

（4）悬挂梯的基本参数应符合表 7.3 的要求。

表 7.3　　　　　　　　　　　悬挂梯的基本参数

基本参数	技术指标
梯宽 /mm	≥ 300
梯档间距 /mm	300 ± 5

基本参数	技术指标
梯档截面尺寸 /mm	直径不小于 20 的圆管或边长不小于 20 的方管
最大承载人数 / 个	最大工作高度除以 1.5 后的整数值
撑脚长度 /mm	≥ 100
单块梯档最大负荷 /N	981 ± 5
整梯最大负荷 /N	（981 ± 5）× 最大承载人数

7.2.3 逃生滑道

一、设备概述

逃生滑道是在外层防火、中层抗热辐射隔烟、内层导滑，每层均为高抗拉力并经静电处理的布管，其内部在适当的位置装置特殊橡胶漏斗环，橡胶漏斗环带具有松紧性，让人的身体经过时产生一定的阻力缓冲，所以此环带具有缓降效果，以一定的速度匀速安全降下。

逃生滑道有四条支撑带，可防止逃生滑道在火场被大风吹动打转。逃生滑道每隔约 70 cm 就会设置直径 60 cm 的圆不锈钢圈，用于保护逃生者的安全；每隔 3～5 s 下降一人，可连续多人逃生。可依建筑物的高度设计逃生滑道的长度，适于 60 m 高度内的任何场所以及建筑物。外部用防火材料制成，逃生时逃生者看不到地面景物，无恐惧感。逃生滑道占地小，使用时不用电力，操作简便，安全性高。

根据逃生滑道在下降过程中所采用的缓降措施不同可将逃生滑道分为螺旋式、斜拉式、漏斗式、弹簧式四种类型。螺旋式逃生滑道内部采用螺旋结构，达到缓降的目的，安全可靠适用人群广；斜拉式逃生滑道利用逃生滑道所形成的倾斜度来达到缓降目的；漏斗式逃生滑道在内部适当的位置装有橡胶漏斗状环带，橡胶漏斗环带具有松紧性，给人体产生一定的阻力缓冲达到缓降的目的；弹簧式逃生滑道因其设计制造上的制约，不适宜伤者及老人、孕妇使用，有一定局限性。

二、使用方法

逃生滑道的使用相较于其他应急逃生装置来说十分简便，具体的使用方法如下：

（1）当发生火灾时，逃生人员移开逃生滑道上盖，并将入口门打开。

（2）将逃生入口框架推出窗外展开定位，将沙包丢入逃生布管固定框内，再将布管依序放入逃生入口框内，使布管固定框定位，滑道底部与地面平稳接触。

（3）脚踏梯板而上，脚下头上，双手自然往上举；双脚脚尖向下，自然下滑，以身体重量下滑到地上，双脚落地，蹲下，头部脱离缓降管后自行离开。

7.2.4 逃生绳

一、设备概述

逃生绳是指供使用者手握滑降逃生的纤维绳索。它用一定强度且有较好耐火性的麻类等天然纤维制作而成，是从楼房或其他高处逃生或救人使用的最简单器材。

一般的消防逃生绳使用挠性钢丝绳制作而成，不仅本身强度高，而且不易骤然整根折断。外层使用大化纤材料编织而成，紧密不脱落、不抽丝，让整条绳子更加牢固。逃生绳表面均有阻燃剂，在高温燃烧下不容易烧断，具有耐火、耐高温的性能。逃生绳的安全性能虽然不如其他逃生装备，但却是最实用的逃生工具之一。专业的逃生绳由绳索、安全钩和安全带组成，供单人使用，如图 7.35 所示。

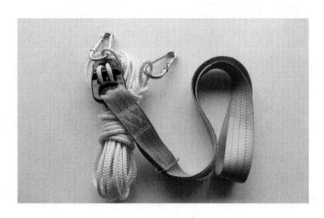

图 7.35　逃生绳

二、使用方法

在使用逃生绳时，首先要找到坚固的固定物，绳子打好结绑在固定物上，要确定固定物是否牢固，也可将绳子拴在室内的重物、桌子腿、牢固的窗口等可承重的地方。然后将人吊下或慢慢自行滑下，下落时可戴手套，如无手套可以用衣服、毛巾等代替，以防绳索将手勒伤。之后系好安全带和挂扣相连接，检查并确认各个环节安全无误后，将逃生绳扔至窗户外。最后沿着墙面下降，下降过程中轻握逃生绳缓慢下降，紧握逃生绳时将停止下降，下降过程中不可将双手完全松开。

使用逃生绳时应避免绳索接触利器、硬物或与墙角发生摩擦，否则会导致逃生绳断裂而使逃生人员发生危险。使用逃生绳时，要正确佩戴安全带，且须选择正确的逃生路径，使用时如不可避免接触墙角，必须对绳索进行有效保护，可在与绳索发生接触的墙角处铺垫棉被、衣服等，以缓解对绳索的损伤。

7.2.5 过滤式消防自救呼吸器

一、设备概述

过滤式消防自救呼吸器是一种通过过滤装置吸附、吸收、催化及直接过滤等作用去除一氧化碳、烟雾等有害气体，供人员在发生火灾时逃生用的呼吸器。此类呼吸器是酒店、宾馆、办公楼、商场、银行、邮电、电力、公共娱乐场所、工厂、住宅、地铁等发生火灾事故时必备的个人防护呼吸保护装置，仅供一次性使用，不能用于日常的工作保护，只能用于个人逃生或者紧急救援。

过滤式自救呼吸器通过滤毒罐对有毒物质进行吸附，将安全新鲜的空气送给人进行呼吸。过滤式自救呼吸器主要由头罩、半面罩和滤毒罐组成。

头罩采用阻燃棉布制造，表面涂敷铝箔膜，以抵御热辐射，防止火场中高温辐射对逃生者头部的伤害，头罩上设有透明的大眼窗，视野开阔，便于逃生，表面由于涂敷铝箔膜而反光，便于浓烟下识别逃生者。半面罩采用柔软橡胶制造，佩戴舒适，形状尺寸适合各种脸形，且气密性好，阻止有毒烟气经过滤毒罐以外的途径而直接进入呼吸器官。滤毒罐具有滤毒层、滤烟层。滤毒层采用触媒剂及浸渍优质活性炭，活性炭在大量吸附有害物质的同时具有较小的阻力。滤烟层采用超细纤维材料，可以有效防止毒烟、毒雾、一氧化碳、二氧化硫等火场中常见毒气对人的伤害。滤毒罐进出气孔采用软橡胶密封，密封长期可靠，确保产品在有效期内性能不变。

二、使用方法

此类呼吸器的使用方法十分简单：当发生火灾时，立即沿包装盒开启标志方向打开盒盖，撕开包装袋，取出呼吸装置。然后沿着提醒带绳拔掉前后两个红色的密封塞，最后将呼吸器套入头部，拉紧头带，迅速逃离火场。使用时应注意先连接面罩与导气管再连接滤毒罐。连接滤毒罐时先旋下滤毒罐的罐盖，再将滤毒罐接在面罩下面并取下滤毒罐底部进气孔的橡皮塞。戴面具时应暂停呼吸，握住面罩两侧将面罩撑开，两手均匀用力由下而上将面具戴在头上，同时调整罩体使其与面部密合。拔掉滤毒罐前孔和后孔的两个红色橡胶塞，将头罩进头部，向下拉至颈部，滤毒罐应置于鼻子的前面。呼吸器过滤剂的使用时间一般为 15 ~ 30 min，当面具内有特殊气味时表示过滤剂失去过滤作用，应及时更换，但注意严禁在毒区内摘掉面罩。

参考文献

[1] 韩彦飞，刘轶. 消防应急照明和疏散指示系统的问题探讨 [J]. 智能建筑电气技术，2020，14（3）：87-89.

[2] 刘报. 国外应急广播的发展及对我国应急广播的思考 [J]. 黑龙江科技信息，2016，41（1）：30-31.

[3] 林长海，王新器，宋占凯，等. 国家应急广播体系建设的思考 [J]. 广播与电视技术，2013，40（8）：124-129.

[4] 杨晓霞. 论中波广播在应急广播系统中的重要性及其技术实现 [J]. 广播与电视技术，2016，43（9）：123.

[5] 李志舟. 国家应急广播体系建设的重要性探讨 [J]. 西部广播电视，2019（20）：211-212.

8 应急逃生技术应用及示范工程

8.1 地下空间

8.1.1 综合管廊

地下综合管廊是城市地下用于集中敷设电力、通信、广电、给排水、热力、燃气等市政管线的公共隧道，是保障城市运行的重要基础设施和"生命线"。以综合管廊的形式建设城市市政基础设施已在发达国家得到广泛应用，综合管廊形式在我国也得到了业内人士的认可。近年来随着综合管廊在我国迅速发展，出现的灾害事故也逐渐增多，典型灾害事故包括地下综合管廊火灾，直接影响了周围建筑物的使用，给人们的正常生活带来影响，甚至导致城市瘫痪。针对目前综合管廊消防安全技术需求迫切性以及我国综合管廊建设的规范科学性相对滞后现状，亟需开展综合管廊消防安全技术相关研究，从而有效提高综合管廊设计科学性及安全防控水平。

一、综合管廊火灾特点

（1）隐蔽性。综合管廊位于地下空间，离地面一般几米，与室外环境不直接连通，仅通过地面有限进出口与外界沟通，发生火灾初期不易察觉，容易导致灾害范围的不断扩大。

（2）复杂性。地下综合管廊管线多，集成铺设了供水、排水、电力、通信、热力、广电、燃气等市政管线，同时管廊内的照明、通风、防涝、检修、消防、监控等也比地面作业要复杂得多。结构、功能的复杂性也决定了火灾的复杂性。

（3）连锁性。由于地下综合管廊的复杂性，造成了危险源的不确定性和多样性。若发生安全事故极有可能引发"连锁反应"，牵一"线"而动全身，无疑增加了抢险救灾、事故处置的难度。

二、综合管廊应急疏散的特殊性

综合管廊是建于城市地下，用于容纳两类及以上城市工程管线的构筑物及附属设施，它不同于一般的建筑物，没有人员经常性的生产、生活功能，除控制中心等关键部位有人员值守外，一般均为无人状态，只有定期巡检人员在内部进行巡查。由于综合管廊深埋于地下且内部空间狭长，出入口数量少，如果发生火灾，燃烧释放的大量烟气会使可见度迅速降低，温度也会不断增高，燃烧产生的高温有毒烟气因空间限制无法及时排出，增加了疏散难度。当管廊内发生火灾且存在纵向通风的情况下，由于风速的影响，当人员行走的速度小于烟气蔓延的速度，人员在管廊内是不安全的。通过将不同烟气蔓延情况下人员疏散模拟进行实时对比分析，评估火灾时人员在综合管廊中逃生的安全性，可以得出人员利用逃生口逃生的时间大于利用相邻防火分隔区域防火门逃生的时间，因此，设置防火分隔区域有利于人员迅速逃离火场区域，保证人员的安全。

三、综合管廊的相关标准规范

与其他类型的建筑物类似，综合管廊的设计规划以及装修布置也遵循一系列相关的国家标准与规范，同时在后期对综合管廊进行评估时也要参照一定的标准规范文件，主要涉及的标准与规范列举如下。

《城市综合管廊工程技术规范》（GB 50838—2015）

《城镇综合管廊监控与报警系统工程技术标准》（GB/T 51274—2017）

《火灾自动报警系统设计规范》（GB 50116—2013）

《消防联动控制系统》（GB 16806—2006）

《线型感温火灾探测器》（GB 16280—2014）

《气体灭火系统设计规范》（GB 50370—2005）

《干粉灭火系统设计规范》（GB 50347—2004）

《超细干粉灭火系统设计、施工及验收规范》（DB 37/T1317—2009）

《爆炸危险环境电力装置设计规范》（GB 50058—2014）

《防火门监控器》（GB 29364—2012）

《供配电系统设计规范》（GB 50052—2009）

《低压配电设计规范》(GB 50054—2011)

《建筑设计防火规范》(GB 50016—2014, 2018 年版)

《火灾自动报警系统施工及验收标准》(GB 50166—2019)

《消防设备电源监控系统》(GB 28184—2011)

《细水雾灭火系统技术规范》(GB 50898—2013)

以上所列举的是综合管廊在设计规划以及后期评估时经常使用到的标准规范，下面将针对防火分区等加以详细说明。

(1)划分防火分区对于控制火灾的蔓延具有十分重要的意义，依据《城市综合管廊工程技术规范》相关规定，可将每个防火分区面积控制在 2 000 m² 左右，其长度不宜超过 200 m。

(2)综合管廊内每隔 200 m 应设置防火墙、甲级防火门、阻火包等进行防火分隔。在综合管廊的人员出入口处，应设置手提式灭火器、黄沙箱等一般灭火器材。

(3)结合以往工程施工经验，综合管廊的长度由几千米至十几千米不等，划分防火分区便于供电管理和消防时的联动控制。综合管廊的构成除管廊主体外，每个舱室应设置人员出入口、逃生口、吊装口、进风口、排风口等。人员出入口如图 8.1 所示，逃生口如图 8.2 所示。

人员出入口指供人员进出管廊的构筑物，干线综合管廊、支线综合管廊应设置人员出入口或逃生口，逃生孔宜同投料口、通风口结合设置。采用明挖施工的人员逃生孔间距不宜大于 200 m。

图 8.1 人员出入口

图 8.2 逃生口

吊装口指用于将各种管线（道）和设备吊入综合管廊内而在管廊上开设的直通地面的孔洞。吊装口的最大间距不宜超过 400 m，净尺寸应满足管线、设备、人员进出的最小允许限界要求。

综合管廊通风口指为满足综合管廊内部空气质量及消防救援等要求而开设的洞口。通风口的位置根据道路横断面的不同而不同，可设置在道路的人行道市政设施带、道路两侧绿化带或道路中央绿化分隔带。

四、消防设计与应用

本部分选取北京市市政工程设计研究总院有限公司、北京建筑大学、中国建筑科学研究院有限公司、北京城市副中心投资建设集团有限公司、通号通信信息集团有限公司及首安工业消防有限公司对雄安某综合管廊进行的与应急逃生及疏散相关的消防设计作为范例介绍。

（一）某综合管廊人员疏散

1. 电力舱分析

该地下管廊包括天然气舱、电力舱及综合舱等，舱内收纳的管线包括通信、电力、热力、给排水及天然气管道等，电力舱是管廊内最易发生火灾的部位。该设计主要通过建立电力舱火灾模型及人员疏散模型，分析电力舱发生火灾后人员逃生的安全性，通过将人员逃生的时间与电缆火灾时烟气蔓延的速率、时间进行对比，分析合理设置防火分隔的必要性。

2. 数值模拟

根据典型综合管廊电力舱的实际情况，采用 FDS 模拟软件建立综合管廊电力舱一个防火分区的物理模型，如图 8.3 所示。

图 8.3　电力舱模型

3. 模拟工况

工况 1：400 m 电缆舱内不设置防火分隔，环境风速为 0 m/s，点火源为丙烷，火源功率为 250 kW，火源设置在电缆托架正下方，高度为管廊地面上方 0.2 m，位置为管廊中央。模拟时长为 600 s。电缆材料为聚氯乙烯阻燃电缆，产烟量为 0.05 m²。模拟分析电力舱电缆火灾蔓延燃烧时温度场、能见度及烟气蔓延规律。

工况 2：模拟开始时隧道内纵向风速 1.5 m/s，120 s 后风速为 0 m/s，其他设置同工况 1。

工况 3：火源设置在管廊端部，产烟量为 0.1 m²，其他设置同工况 1。

模拟工况设置情况见表 8.1。

表 8.1　　　　　　　　　模拟工况设置情况

工况	初始火源功率 / kW	火源位置	分区长度 /m	风速 /（m/s）
1	250	中部	400	0
2	250	中部	400	1.5 （120 s 后停止）
3	250	端部	400	0

4．模拟结果

从人员逃生时间与各工况烟气蔓延情况对比分析可知：

（1）将人员逃生时间与工况 1 和工况 3 的烟气蔓延结果对比分析可知，当管廊内发生火灾且无纵向通风的情况下，同一时刻人员逃生的距离大于烟气蔓延的距离，即人员的逃生是安全的。

（2）由于工况 3 时烟气向一侧蔓延，烟气蔓延速度比工况 1 大。此外，人员利用逃生口逃生时人员撤离管廊的时间长于人员利用防火门逃生的时间。

（3）将人员逃生时间与工况 2 的烟气蔓延结果对比分析可知，当管廊内发生火灾且存在纵向通风的情况下，由于风速的影响，人员行走的速度小于烟气蔓延的速度，人员在管廊内是不安全的。

（二）针对某综合管廊的消防措施建议

（1）如果管廊采用逃生爬梯形式，当发生火灾时，建议人员先疏散至相邻防火分隔段后，再通过爬梯逃生至安全区域。主要原因是由于爬梯形式逃生时间长，且位于顶部，容易受到烟气影响。

（2）对于采用疏散楼梯、紧急逃生通道或借用相邻水力舱，当发生火灾时，人员可直接通过疏散门逃生至安全区域。

（3）由于通风作用对烟气蔓延产生影响，如果烟气蔓延过长，容易对疏散人员产生影响，因此，建议发生火灾后，立即联动停止通风。

（4）管廊发生火灾时，为及时扑灭火灾，应快速启动灭火系统，因此，建议管廊防火分隔不应太长，以免影响人员逃生。

（5）建议管廊顶部逃生口、疏散门等逃生设施应具有一定的耐火功能。

（6）应加强对人员的培训工作，正确使用逃生设施。

8.1.2 地铁

地铁隧道区间深埋在地下，除空间封闭、通道狭长、通风不良等客观因素外，还存在电器设备故障、管理不善、乘客行为违规、人为恐怖破坏等安全隐患因素。这就决定了地铁隧道区间内一旦发生火灾等事故，事故很难得到控制，人员疏散及救援将十分困难。

一、地铁隧道火灾特点

（一）含氧量下降，烟气聚集

地铁隧道区间面积较大，单段区间长度可达数千米，仅有区间相邻车站的出入口或活塞风井与地面连接。封闭空间内一旦发生火灾事故，产生的烟气难以通过自然排烟的形式排出地面，再加上燃烧需要消耗大量的氧气，导致地铁区间隧道内含氧量急剧下降，造成物质的不充分燃烧，产生大量的一氧化碳等有毒气体。

（二）火势蔓延迅速

虽然地铁隧道区间内大部分设施为非燃烧体，但隧道内敷设有大量电缆，火势易沿着电缆敷设走向迅速蔓延，特别是一旦塑料电缆和充油电缆着火，火势蔓延会更加迅速，再加上列车在隧道内运行时产生活塞效应，将进一步加快火势扩散。

二、地铁应急疏散的特殊性

（一）疏散困难

地铁是一种便利的公共交通方式，站内人员较为密集，假设地下空间发生火灾，火灾烟气也会在短时间内蔓延到空间内部各个角落，极大程度降低能见度，影响人员疏散程序的正常进行。

（二）救援困难

地铁系统进出口比较少，空间结构本身就给救援活动造成了一定的局限性，倘若是地铁区间隧道发生火灾，救援效率更会大打折扣，一旦列车在区间隧道运行中断，救援空间将会变得非常狭小。这种情况下，一方面由于区间隧道深埋于地下，发生火灾时不能及时与地面应急救援中心进行沟通联络，另一方面由于人员逃生的方向与烟气蔓延的方向一致，且与应急救援的路径相反，并且大量高温毒性烟气密布在地下空间内，救援难度会大幅度增加。

（三）火灾扑救困难

由于车站及隧道建筑深埋地下，直通地面的出入口数量有限，消防人员只能通过有限的安全疏散通道进入车站再进入隧道区间，这往往会与车站向外疏散的人流相冲突，严重影响救援速度，耽误了灭火救援的最佳时机。地铁隧道区间是一个封闭体，突发火灾事故后，通信信号受到影响，致使地下和地面联络比较困难，这也给消防员的火灾扑救行动带来了巨大困难。

三、地铁隧道相关标准规范

与其他类型的建筑物类似，地铁设计规划以及装修布置需要遵循一系列相关的国家标准与规范，同时在后期对地铁进行评估时也要参照一定的标准规范文件，主要涉及的标准与规范列举如下。

《地铁设计规范》（GB 50157—2013）

《城市轨道交通技术规范》（GB 50490—2009）

《建筑设计防火规范》（GB 50016—2014）

《城市轨道交通工程设计规范》（DB 11/995—2013）

《建筑内部装修设计防火规范》（GB 50222—2017）

以上所列举的是地铁隧道设计规划以及后期评估时经常使用到的标准规范，下面将针对安全疏散及防烟排烟等加以详细说明。

（一）安全疏散

当站台至站厅及站厅至地面上、下行均采用自动扶梯时，应加设人行楼梯或备用自动扶梯。设置站台门的车站，站台端部应设向站台侧开启宽度为1.10 m的端门。沿站台长度方向设置的向站台侧开启的应急门，每一侧数量宜采用远期列车编组数，应急门开启时应能满足人员疏散通行要求。

（二）防烟排烟设计

根据《地铁设计规范》关于防烟排烟部分介绍，下列场所应设置机械防烟、排烟设施：

（1）地下车站的站厅和站台。

（2）连续长度大于300 m的区间隧道和全封闭车道。

（3）防烟楼梯间和前室。

四、地铁方面消防设计与应用

本部分选取建研防火设计性能化评估中心有限公司对某地铁站地下一层进行的与应急逃生及疏散相关的消防设计作为范例介绍。

（一）地铁站地下一层存在的消防问题

1. 防烟排烟问题

火源位于站厅层西南侧靠近安检口处，地下一层站厅层的吊顶为封闭吊顶，为了人们进行疏散逃生，增大蓄烟空间，需要将吊顶改为格栅吊顶来防止烟气中毒，提高排烟性能。

2. 疏散问题

当地下一层站厅层发生火灾时，南北广场的防火卷帘下降，南北广场的人员可以通过各自的对外疏散出口疏散，或是使用通往夹层的疏散梯疏散至夹层再至室外。同时地铁站台层的人也由换乘中心疏散，人员数量较多，而且由于很多人是准备乘坐火车或是刚下火车，行李包裹比较多，很容易发生混乱，仅仅通过南侧两部扶梯及楼梯进行疏散是远远不够的，因此，需要通过重新设计地下一层的建筑结构解决疏散问题。

（二）防烟排烟的模拟

1. 建立站厅层防烟排烟模型

依据地铁站的 CAD 图纸信息，包括建筑外立面、内部墙体及玻璃隔断、防火卷帘、挡烟垂壁、排烟补风口等位置，建立 FDS 数值模拟模型。站厅层防烟排烟模型如图 8.4 所示。

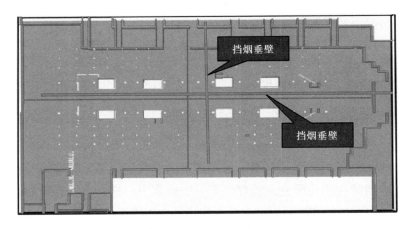

图 8.4 站厅层防烟排烟模型

2. 防烟排烟模拟结果

（1）火灾发生在站厅层的东南侧靠近安检口处，烟气在 300 s 时仅在防烟分区内蔓延，并没有扩散到四周；600 s 时，火源所在的防烟分区烟气层高度进一步下降，并且在其东侧的防烟分区内也有部分区域受到了烟气的影响，其西侧的出口处也有烟气蔓延；

1 200 s 时，站厅层西南侧防烟分区内的烟气层浓度升高，并且部分烟气通过西侧和南侧的出口向外扩散。

（2）模拟时间到达 1 200 s 时，站厅层地面以上 2 m 处仅在火源附近的温度较高，达到甚至超过了 60 ℃，在站厅层的其他区域，离火源的距离越远，烟气层温度越低，直到与环境温度相同。

（3）在 300 s 时，火源所在防烟分区内只有西南侧的一小部分区域能见度有所下降；当达到 580 s 时，在此处部分区域的能见度低于 10 m，但是人员的疏散主要是通过两侧通道的疏散口，该处能见度的下降没有对人员的疏散造成影响。在 300 ~ 1 200 s 的时间内，站厅层其余大部分区域的能见度均远大于 10 m，烟气蔓延的影响不是很明显。

（4）该排烟补风设计在一定范围内有利于疏散逃生。

（三）人员疏散的模拟

1. 地下一层人数

某地铁站改建后，出站层东侧出站通道开通，拆除既有附属用房及设备用房、卫生间，形成新的出站通道，参考改建前对地铁的消防性能化研究，现对地下一层换乘中心进行火灾与疏散模拟，出站口的高峰时刻的出站人流量是 261 人 /min。

（1）换乘中心。换乘中心人员主要分为以下几部分：

1）地铁人员通过换乘大厅人数：人员在换乘通道内的时间为 3.5 min，根据设计方提供的资料：7 号线高峰时期客流量为 11 404 人 /h，9 号线高峰时期客流量为 15 265 人 /h。即为：（11 404+15 265）× 1.2 × 3.5/60=1 867（人）。

2）东西两侧出站口接站人数，假定两侧均有列车进站，分别按照一列火车的10%计算，选取普通铁路旅客列车，编组数辆18辆，每节车厢人数取118×1.2=142（人），共计142×18=2 556（人），则接站人数为2 556×10%=256（人），两侧共为256×2=512（人）。

3）站内工作人员约为100人。

4）考虑部分穿行换乘中心的人数取总人数的10%。

换乘中心总人数为：（1 867+512+100）×1.1=2 727（人）。

（2）东西两侧通道口人数：东西两侧通道长均为170 m，取人员步行速度为1 m/s，则需时170 s，取3 min为计算时间，则通道内人数为261×3×2=1 566（人）。

综合以上两部分人员，该地铁站换乘中心人员的总数为4 293人。

（3）地铁站台人数。地铁站台层疏散人员共考虑以下几个部分：

1）地铁车厢内人员：站台考虑两辆地铁同时进站的情况，根据设计方提供的资料，9号线一共六节车厢，满载1 460人，7号线八节车厢满载1 947人，即列车上人数为：3 407人。

2）地铁车站工作人员总数为100人。

3）站台上等车人员：设定人员在地铁站台等待的时间平均为1.5 min，根据设计方提供的资料：7号线高峰时期客流量为11 404人/h，9号线高峰时期客流量为15 265人/h。等车人员按照高峰小时客流量换算：（11 404+15 265）×1.2×1.5÷60=800（人）。

该地铁站台高峰时刻总人数为4 307人。

2. 疏散场景设置

疏散场景的设计总体原则为找出火灾发生后，最不利于人员安全疏散的情况。通常考虑火灾发生在某一疏散出口附近，使该出口堵塞不能用于人员疏散。根据设定的火灾场景设置相应的疏散场景，见表 8.2。

表 8.2　　　　　　　　　　　　人员疏散场景

编号	公共区域	备注
场景一	地下一层换乘大厅	南北广场防火卷帘下降，换乘大厅人员从地铁出口及南侧夹层楼梯疏散

3. 疏散时间

疏散时间见表 8.3。

表 8.3　　　　　　　　疏散时间　　　　　　（单位：s）

疏散场景	疏散开始时间	疏散行动时间	疏散行动时间（安全裕度 S=1.5）	所需安全疏散时间
场景一	90	288	432	522

4. 疏散模拟小结

当一栋建筑物发生火灾时，人员能否安全地疏散到安全区域主要取决于可用安全疏散时间（AEST）大于所需安全疏散时间（RSET），报告分析见表 8.4。

表 8.4　　　　　　　AEST 与 REST 比较　　　　（单位：s）

着火位置	ASET	RSET	是否满足要求
站厅层东南侧靠近安检口处	> 1 200	522	满足

从表 8.4 中可以看出，AEST 大于 REST，因此，对于存在疏散问题的地下一层，在设计火灾场景的条件下，通过各个火灾场景的排烟、补风设计改造和现有的疏散设施能保证人员在火灾危险来临前全部疏散。

8.1.3 停车场

停车场停放有大量汽车，车上携带有汽油，万一失火，可导致火灾大范围蔓延，危险性极高。因此，分析停车场的结构特点及存在的消防问题，并且应用相关应急逃生技术具有十分重要的意义。

一、停车场火灾特点

与所有地下空间一样，地下车库是一个相对封闭的环境，它不仅具有与一般地下空间相同的火灾特性，一旦发生火灾，它将比一般地下空间更加危险，具体表现为以下四个方面：

（1）火势迅速蔓延。停车场的主要可燃物是车辆和燃料。车库内车辆高度集中，火灾后有爆炸危险，容易引起连锁反应。

（2）火灾损失很大。停车场发生火灾后，大量汽车及相关设备被烧毁，往往造成严重的经济损失。

（3）浓烟不容易消散。地下车库内部封闭的环境使材料难以充分燃烧，火灾时可燃物产生的烟气量大，当机械通风系统发生故障时，依靠自然通风很难补救。

（4）温度高。在地下车库相对封闭的空间内，火灾发生后，如果排烟系统不能正常工作，大量的热量就会积聚而不易散失，从而使空间温度迅速上升。

二、停车场应急疏散的特殊性

（1）火情侦察困难。有关地下车库火灾状况的信息不如地面建筑来得那样直观明确，虽然在地下建筑中安装有自动火灾探测器，可以提供一些信息，但如果自动火灾探测器失效或局部失效，则很难直观地确定地下建筑发生火灾的位置。

（2）通信困难。在地下建筑内使用无线电通信，受到屏蔽作用影响极大，一般无法进行通话，只能用其他简易方法进行通信联络，消息不能及时传达，灭火人员在火场发生任何情况，地面指挥员都很难知道。

（3）扑救行动困难。地下车库火区既缺氧，温度又高，浓烟难于消散，没有防护装备的消防人员难于进入地下灭火。即使穿了隔热服，戴着防毒面具，在高温环境中也不能长时间进行灭火行动，且仍很难深入高温浓烟的地下空间，曾不止一次地发生过佩戴面具的灭火人员在地下中毒和牺牲的情况。

（4）灭火时间长。由于存在以上许多不利因素，指挥员缺少有关地下车库火灾的相关信息，需要研究工程图，分析火区的可能情况，才能做出灭火方案，致使灭火时间长。

三、停车场的相关标准规范

与其他类型的建筑物类似，停车场的设计规划以及装修布置需遵循一系列相关的国家标准与规范，同时在后期对停车场进行评估时也要参照一定的标准规范文件，主要涉及的标准与规范列举如下：

《汽车库、修车库、停车场设计防火规范》（GB 50067—2014）

《建筑设计防火规范》（GB 50016）

《火灾自动报警系统设计规范》（GB 50116—2013）

《消防联动控制系统》（GB 16806—2006）

《线型感温火灾探测器》（GB 16280—2014）

《供配电系统设计规范》（GB 50052—2009）

《民用建筑电气设计标准》（GB 51348—2019）

《消防应急照明和疏散指示系统技术标准》以及其他相关现行规范

以上所列举的是停车场在设计规划以及后期评估时经常使用到的标准规范，下面将针对防火分区及安全疏散加以详细说明。

（一）防火分区的划分

修车库每个防火分区的最大允许建筑面积不应大于 2 000 m²，当修车部位与相邻使用有机溶剂的清洗和喷漆工段采用防火墙分隔时，每个防火分区的最大允许建筑面积不应大于 4 000 m²。

汽车库、修车库与其他建筑合建时，应符合下列规定：

（1）当贴邻建造时，应采用防火墙隔开。

（2）设在建筑物内的汽车库（包括屋顶停车场）、修车库与其他部位之间，应采用防火墙和耐火极限不低于 2.00 h 的不燃性楼板分隔。

（3）汽车库、修车库的外墙门、洞口的上方，应设置耐火极限不低于 1.00 h、宽度不小于 1 m、长度不小于开口宽度的不燃性防火挑檐。

（4）汽车库、修车库的外墙上、下层开口之间墙的高度，不

219

应小于 1.2 m 或设置耐火极限不低于 1.00 h、宽度不小于 1 m 的不燃性防火挑檐。

（二）安全疏散

汽车库室内任一点至最近人员安全出口的疏散距离不应大于 45 m，当设置自动灭火系统时，其距离不应大于 60 m。对于单层或设置在建筑首层的汽车库，室内任一点至室外最近出口的疏散距离不应大于 60 m。

四、消防设计与应用

本部分选取北京市消防科学研究所对某医院地下车库建筑与应急逃生及疏散相关的消防设计作为范例介绍。

（一）医院停车场存在的消防问题

1. 防火分区的划分与分隔

根据《汽车库、修车库、停车场设计防火规范》5.1.3 条规定，室内无车道且无人员停留的机械式汽车库，应符合下列规定：当停车数量超过 100 辆时，应采用无门、窗、洞口的防火墙分隔为多个停车数量不大于 100 辆的区域，但当采用防火隔墙和耐火极限不低于 1.00 h 的不燃性楼板分隔成多个停车单元，且停车单元内的停车数量不大于 3 辆时，应分隔为停车数量不大于 300 辆的区域。该医院地下车库分为 4 层，停车 176 辆，因停车设备流程需要，上下贯通，无法分隔，为一个防火分区，无法满足上述规范条文要求。

2. 安全疏散问题

医院地下车库设有两部直通地面的疏散楼梯，两部楼梯间均为防烟楼梯间，楼梯间加压送风，楼梯间采用乙级防火门分隔。

维修人员可以通过这两部楼梯进出地下车库。此外，地下三层车库与地下四层设有两部钢梯，供地下四层车库人员通往三层时使用。在紧急情况下，车库维修人员紧急逃生，可通过楼梯进行疏散。地下车库防火分区面积、存车数量、室内最远工作地点至楼梯间的距离等均已超过规范要求，如停车场最远点至楼梯间距离约为62 m，未达到上述规范条文要求。

根据《汽车库、修车库、停车场设计防火规范》第5.1.1和5.1.2条规定，设置自动灭火系统的室内有车道且有人员停留的机械式汽车库，其每个防火分区的最大允许建筑面积不应大于2 600 m²。

（二）疏散模拟

1. 疏散距离

根据《汽车库、修车库、停车场设计防火规范》第6.0.6条规定，汽车库室内任一点至最近人员安全出口的疏散距离不应大于45 m，当设置自动灭火系统时，其距离不应大于60 m。当地下车库发生火灾时，在两部楼梯均可用的情况下，最不利着火地点为楼梯对面一侧中间位置，如图8.5所示，此时的最远疏散距离约为62 m。

当地下车库发生火灾时，如果火灾发生在楼梯附近，则会导致其中一部楼梯无法使用，靠近着火区域的人员必须通过距离最远的楼梯进行疏散，最不利着火地点为人员处于靠近起火楼梯附近的位置，如图8.6所示，此时的最远疏散距离约为110 m。

2. 疏散评估

根据相关机构借鉴日本有关方面研究成果对北京市机动车及

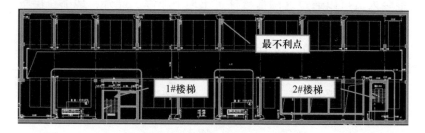

图 8.5　地下车库最不利点着火位置及距离（一）

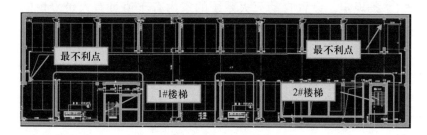

图 8.6　地下车库最不利点着火位置及距离（二）

地下车库的研究表明，北京市晨光家园的地下车库存放车辆为270 辆，起火频次为 0.070 7 起 / 年。本项目地下车库的设计存放车辆数量为 210 辆，则该停车场的起火频次为 0.055 起 / 年，大约为每 20 年发生一次汽车火灾，因此，根据有关机构对北京市晨光家园地下全自动机械停车库烟气控制的计算机区域模拟的可重复式替代研究结果，在相似条件下，停车场最不利点疏散时间（RSET）为 202.78 s，危险来临时间（ASET）为 870 s 左右，自动灭火系统和机械防烟排烟系统等设计消防设施正常工作的条件下，地下车库能够实现人员的安全疏散目标。

（三）对医院停车场的疏散逃生方面的建议

（1）在未设置楼梯一侧的中间位置增加一部楼梯，或者将现有的设计楼梯位置进行调整，在两侧均有一部楼梯的基础上将楼梯设置在两侧的中间位置，则可以显著提高地下车库维修人员疏散的安全程度，达到规范规定的人员安全疏散要求。

（2）为了确保检修人员和消防员的安全，建议为检修人员配备便携式自救器。

8.1.4 人防工程

人防工程对一个国家具有重大战略作用，一旦发生火灾，会因为其隐秘性、不宜撤离等原因容易造成重大经济损失和大量的人员伤亡。地下人防工程空间相对密闭，疏散逃生相对复杂，这些因素都为地下人防工程的防火问题提出了新的难点。

一、人防工程火灾特点

（1）易发性。由于地下人防工程内部一般比较潮湿，易加速各种电气线路和设备的绝缘层、接点老化，容易发生短路、局部电阻过大等问题。而地下建筑往往通风不良，当电气线路局部短路或电阻过大时积聚的热量不易散发，容易引发火灾。

（2）危害性。人防工程发生火灾时，因不充分燃烧发烟量大，故供氧不足。由于烟的迅速聚集和在工程内扩散，人防工程内很快就充满有毒烟气，并会造成群死群伤事故，危险性极高。

二、人防工程应急疏散的特殊性

（1）安全疏散非常困难。在地下发生火灾时，避难的方向一般是朝上，这时出口就有了很大的限制，大大增加了残疾人、老年人等特殊群体的避难难度。同时，地下人防工程的安全通道比较窄并且缺少自然采光，人工照明容易被遮挡住，给逃生带来了不小的困难。

（2）逃生路线复杂。对于大型人防工程，往往与地面众多的商业建筑、多条地下交通通道构成综合体，出入口多，内部空间关系复杂。在平时，人员迷路的可能性较大，发生火灾后更不利于疏散和救火。

（3）扑救的难度大。地下人防工程有很明显的屏蔽各类无线电信号的特点，所以一旦地下人防工程有火灾发生时，人就成了唯一的信息传递载体，容易造成差错多、速度过慢。同时，地下人防工程是一种地下建筑，在铺设消防水带时会受到很大限制，扑救工作会十分困难。

三、人防工程的相关标准规范

与其他类型的建筑物类似，人防工程的设计规划以及装修布置需遵循一系列相关的国家标准与规范，同时在后期对人防工程进行评估时也要参照一定的标准规范文件，主要涉及的标准与规范列举如下：

《中华人民共和国人民防空法》

《人民防空工程设计规范》（GB 50225—2005）

《人民防空工程设计防火规范》（GB 50098—2009）

《人民防空工程防化设计规范》（RFJ 013—2010）

《人民防空工程照明设计标准》（RFJ 1—1996）

《消防应急照明和疏散指示系统技术标准》以及其他相关现行规范

以上所列举的是人防工程在设计规划以及后期评估时经常使用到的标准规范，下面将针对安全疏散及应急照明加以详细说明。

（1）安全疏散。根据《人民防空工程设计防火规范》安全疏散部分的规定，安全疏散距离应满足：

1）房间内最远点至该房间门的距离不应大于15 m。

2）房间门至最近安全出口的最大距离：医院应为24 m；旅馆应为30 m；其他工程应为40 m。位于袋形走道两侧或尽端的房间，其最大距离应为上述相应距离的一半。

3）观众厅、展览厅、多功能厅、餐厅、营业厅和阅览室等，其室内任意一点到最近安全出口的直线距离不宜大于30 m；当该防火分区设置有自动喷水灭火系统时，疏散距离可增加25%。

（2）应急照明。消防疏散照明灯应设置在疏散走道、楼梯间、防烟前室、公共活动场所等部位的墙面上部或顶棚下，地面的最低照度不应低于5 lx。

消防疏散照明和消防备用照明在工作电源断电后，应能自动投合备用电源。

四、消防设计与应用

本部分选取华优建筑设计院有限责任公司对某人防工程的应急逃生及疏散相关的消防设计作为范例介绍。

（1）安全疏散

1）本工程疏散门、安全出口、疏散走道和疏散楼梯的各自总净宽度根据疏散人数按1 m/100人计算确定，符合《人民防空工程设计防火规范》第5.1.6条规定要求。

2）房间门至最近安全出口或至相邻防火分区之间防火墙上防火门的最大距离均小于37.5 m，位于尽端的房间其最大距离小于

20 m，符合《人民防空工程设计防火规范》5.1.5 条规定要求。

3）凡防火分区的门均为甲级防火门，设备用房均为甲级防火门（耐火极限为 1.2 h）。防火门均向疏散方向开启。每门均随门附设自动闭门器。设置在建筑内经常有人通行处的防火门采用常开防火门。常开防火门在火灾时自行关闭，并具有信号反馈功能。其他位置的防火门均采用常闭防火门。常闭防火门在其明显位置设置"保持防火门关闭"等提示标识。防火门应符合国家标准《防火门》的规定。

4）本工程选用的防火卷帘应符合国家标准《门和卷帘的耐火试验方法》（GB/T 7633—2008）有关耐火完整性和耐火隔热性的判定条件。

5）防火卷帘应具有防烟性能，与楼板、梁、墙、柱之间的空隙应采用防火封堵材料封堵，火灾时自动降落的防火卷帘应具有信号反馈功能，防火卷帘应符合国家标准《防火卷帘》的规定。

（2）人防工程消防应急照明。人防工程采用战时应急照明与平时应急照明相结合的方式，应采用集中电源集中控制型系统，采用 A 型集中电源，选用集中电源 A 型消防灯具，蓄电池电源供电的持续工作时间要求：平时不应少于 0.5 h；战时不应少于隔绝防护时间 3 h 的要求，并且要求蓄电池达到使用寿命周期后标称的剩余容量应能保证平时用的放电时间，满足本工程规定的持续工作时间的要求。

消防疏散照明：疏散通道的地面疏散照度不低于 5 lx；配电室、风机房、自备发电机房等发生火灾时仍需工作、值守区域的疏散照度不低于 1 lx。

备用照明：配电室、风机房、自备发电机房等发生火灾时仍需工作、值守的区域，在发生火灾时仍采用正常照明灯具，保持正常工作照度的要求。

应急照明灯具距地 2.5 m 壁装，方向标志灯距地 0.5 m 安装在疏散通道两侧的墙、柱等结构上。

消防疏散标志灯沿墙面设置的疏散指示灯距地面不大于 1 m，间距不大于 15 m，沿地面设置的灯光型疏散方向标志灯的间距不宜大于 3 m，蓄光型发光标志的间距不宜大于 2 m。

8.2 交通枢纽

交通枢纽是国家或区域交通运输系统的重要组成部分，是不同运输方式交通网络运输线路的交汇点，是由复杂交通设备与建筑组成的群体，一般由火车站、汽车站、港口、机场和各种线路组成，共同承担着枢纽所在区域的直通作业、中转作业、枢纽作业以及城市对外交通的相关作业等功能。

交通枢纽作为人群高度集聚的公共场所，其火灾危害及社会影响都更为严重。交通枢纽火灾特点及危害有以下几点：

（1）火灾诱因多。在交通枢纽火灾中，造成火灾的原因主要有电气故障和人为因素，此外，旧车站的改造与新车站的建设过程诱发的火灾也在最近几年逐渐增多。

（2）火灾扑救困难。交通枢纽不可分隔的巨大空间，以及各种电气及空调管线的大量分布，一旦发生火灾，空间内的各种竖井、楼梯间和电梯井以及大量开口都可能成为火灾蔓延的途径，易造成火灾和烟气迅速蔓延，影响人员安全疏散。

（3）疏散困难。人群对现场环境不熟悉，一旦发生火灾等危险，容易导致集体性恐慌，严重影响疏散安全。

交通枢纽作为城市的重要公共建筑，一旦发生火灾，往往影响巨大，容易波及城市交通网的运营，干扰市民的正常出行，造成重大经济损失。因此，应充分重视综合交通枢纽的消防安全性，在设计阶段可运用性能化设计的手段对交通枢纽的消防设计进行验证。这里分别介绍火车站、机场、汽车站和港口的特点，并且应用相关的应急逃生技术进行消防性能的优化。

8.2.1 火车站

一、火车站火灾特点

火车站主要的功能区有候车区、集散厅、站台区、售票厅和交通通道，这些功能区具有大量的危险源，有不同程度的火灾危险性或者疏散困难性。火车站主要的火灾危险性见表8.5。

表8.5 火车站的火灾危险性

危险源	类型	所在区域	危险性
引燃源	旅客携带火种	旅客所能到达的所有区域	不确定性较高，但通过严格的安全检查，可有效排除
	电气设备	售票处、候车区、集散厅等	电气设备若经久不换或超负荷使用可能导致火灾，建筑改扩建过程中，电焊等热工操作同样可能引起火灾
	火灶或电磁炉	咖啡屋、快餐店等餐饮场所	用明火或电加热方式加工食物，操作不当可能导致火灾
可燃物	旅客行李、座椅、信息提示屏、指示牌、广告牌	出站通道、候车区	可燃物种类较多，但出站通道和候车区空间较大，单位火灾荷载不高，因此火灾危险性不高

续表

危险源	类型	所在区域	危险性
可燃物	各类商品、餐饮场所内餐桌座椅与装修装饰材料	商业区	可燃物比较集中，可燃物种类也较多，易发生火灾，并向与其连通的候车区蔓延，危险性较高
	家具及办公用品	办公场所	办公室空间较小，一般设有自动喷淋，且不与旅客候车区相连，火灾危险性较小
	列车	站台	列车一旦起火，影响范围较广，具有一定的危险性

二、火车站应急疏散的特殊性

火车站主要由候车区、进站厅、站台区、售票厅和交通通道五个部分组成，由于每个部分具有其特殊性，所以在进行应急逃生时都具有不同程度的困难。

1. 候车区

候车厅作为综合交通枢纽的主体建筑空间，具有面积大、功能复杂、人员密集等特点，一旦发生火灾，难以快速有序地进行应急疏散。

2. 进站厅

进站厅通常为分配进站客流的集散空间，作为旅客进入车站的入口，设置安检等设施，往往容易造成拥堵，一旦发生火灾，会给旅客的疏散和逃生带来困难。

3. 站台区

列车站台区是旅客上下列车的主要区域，可燃物主要包括旅客随身携带的行李、流动收货商亭和列车车厢。客运列车内部可燃物（如座椅、装修材料、旅客行李等）较多，一旦发生火灾，火灾烟气除了对站台层上的乘客造成威胁，烟气还会通过楼梯和自动扶梯蔓延到车站内部，威胁到车站内的人员。

4. 售票厅

售票厅通常设置在进站口和出站口之间，造成流量越来越大的购票人流与进站、出站人流的冲突、秩序混乱，一旦发生火灾，难以快速有序地进行应急疏散。

5. 交通通道

交通通道主要指连接各交通站点的行人通道。其可燃物主要有装修材料、灯箱广告、电气设备以及行人行李等。一旦发生火灾，火灾烟气除了对交通通道的乘客造成威胁，烟气还会通过排风的竖井和楼梯间蔓延到车站其他空间，威胁车站内的人员。

三、火车站相关标准规范

针对火车站的火灾危险性，主要涉及的标准与规范如下：

《建筑设计防火规范》

《铁路工程设计防火规范》（TB 10063—2016）

《建筑内部装修设计防火规范》

《铁路旅客车站设计规范》（TB 10100—2018）

下面将针对具体的内容加以详细说明：

1. 建筑的分类

根据《铁路旅客车站设计规范》第 3.2.1 条规定，铁路客站根据规模分为特大型、大型、中型和小型。分类的依据见表 8.6 和表 8.7。

表 8.6　　　　　　　　客货共线铁路客站规模

车站规模	最高聚集人数 H/ 人
特大型	$H \geqslant 10\,000$
大型	$3\,000 \leqslant H < 10\,000$
中型	$600 < H < 3\,000$
小型	$H \leqslant 600$

表 8.7　　　　　　　高速铁路与城际铁路客站规模

车站规模	高峰小时发送量 PH/ 人
特大型	$PH \geqslant 10\,000$
大型	$5\,000 \leqslant PH < 10\,000$
中型	$1\,000 \leqslant PH < 5\,000$
小型	$PH < 1\,000$

2. 耐火等级的划分

根据《铁路工程设计防火规范》第 6.1.1 条规定，大型、特大型旅客车站高架候车厅（室）的耐火等级不应低于一级。

3. 防火分区的划分

根据《铁路工程设计防火规范》第 6.1.2 条规定，铁路旅客车站的候车区及集散厅符合下列条件时，其每个防火分区建筑面积不应大于 10 000 m²。

（1）设置在首层、单层高架层，或有一半数量的直接对外疏散口且采用室内封闭楼梯间的二层。

231

（2）设有自动喷水灭火系统、排烟设施和火灾自动报警系统。

（3）内部装修设计符合《建筑内部装修设计防火规范》的有关规定。

根据《铁路工程设计防火规范》第6.1.3条规定，其他建筑与铁路旅客车站合建时，应划分独立的防火分区。

根据《铁路工程设计防火规范》第6.1.5条规定，中型及以上铁路旅客车站的站房公共区与集中设置的办公区、设备区等应划分为独立的防火分区。当行李（包裹）库与旅客车站合建时，行李（包裹）库应划分为独立的防火分区，且站房公共区不应与行李（包裹）库上下组合设置。

4. 安全疏散设计

根据《铁路工程设计防火规范》第6.1.6条规定，依据高架候车厅（室）通往站台的进站楼梯作为消防疏散楼梯时，疏散门至楼梯踏步的缓冲距离不宜小于4 m。

根据《铁路工程设计防火规范》第6.1.7条规定，铁路旅客车站的疏散口、走道和楼梯的净宽度应符合《建筑设计防火规范》的有关规定，且站房内所有为旅客疏散服务的楼梯梯段净宽度均不得小于1.6 m。

根据《铁路工程设计防火规范》第6.1.8条规定，室外地面高差不大于10 m，其建筑高度虽大于24 m，其防火设计可按《建筑设计防火规范》中单、多层民用建筑类别的规定执行。

根据《铁路工程设计防火规范》第6.1.10条规定，旅客车站集散厅、售票厅和候车厅（室）等，其室内任一点至最近疏散门或安全出口的直线距离不应大于30 m；当该场所设置自动喷水灭火系统时，室内任一点至最近安全出口的安全疏散距离可增加 25%。

5．防烟排烟设计

根据《建筑设计防火规范》第 8.5.3 条第 2 款规定，中庭应设计排烟设施。

四、消防设计与应用

火车站因其特殊的建筑结构和使用功能需要，可能会出现一些特殊区域无法满足相关规范的要求，或者现行的建筑消防规范不能涵盖这些特殊区域，从而给火车站的消防安全和人员的疏散提出新的要求，因此需要进行特殊消防设计。本部分选取建研防火设计性能化评估中心有限公司和上海倍安实业有限公司对某火车站的应急逃生及疏散相关的消防设计作为范例介绍。

（一）该火车站存在的消防问题

1．防火分区的划分与分隔

地下一层出站通廊、城市通廊及快速进站厅防火分区面积约 34 776.57 m²，超过《铁路工程设计防火规范》规定的 10 000 m² 上限。

地上部分集散大厅、高架候车层及高架夹层通过楼扶梯相连，总防火分区面积约 58 971.06 m²，超过《铁路工程设计防火规范》规定的 10 000 m² 上限。

该火车站设置有商铺、商摊、餐饮等商业设施，商业设施火灾荷载较大，需要进行特殊消防设计，采取合适的措施来控制和降低火灾发生后造成的危害。

2．安全疏散问题

该火车站高架候车厅及地下一层区域由于防火分区面积过大，疏散距离相应较长，超过《铁路工程设计防火规范》规定的 37.5 m 上限。

3．防烟排烟问题

该火车站高架候车空间采用大空间设计理念，净空高度大于 12 m，根据规范要求需对防烟排烟系统设计的有效性进行分析。同时城市通廊长度较长，位于地下，周边设置了为旅客服务的商业店铺，其防烟排烟设计如何保证人员的安全疏散也应进行模拟分析。

（二）疏散模拟

该火车站主要存在防火分区划分、安全疏散、大空间烟控系统等方面的问题，针对上述消防设计难题，建研防火设计性能化评估中心有限公司设计了火灾场景，对烟气流动规律和人员疏散过程进行模拟分析，从建筑防火分区 / 分隔、疏散设计、防烟排烟系统设计和消防系统设计等几个方面制定消防安全策略和消防安全加强措施。

1．火灾场景的设定

建研防火设计性能化评估中心有限公司使用 FDS 软件对该火车站不同区域的火灾进行了数值模拟分析，各区域设计火灾情况总结见表 8.8。

表 8.8 不同火灾场景的火灾情况

火源位置编号	火源位置	火源类型	火灾场景编号	火源功率/MW	自动灭火系统	排烟系统
位置 1	地下一层城市通廊	行李火灾	C1	2	失效	有效
位置 2	地下一层城市通廊	商业火灾	C2-1	3	有效	有效
			C2-2	6	失效	有效
位置 3	地下一层快速进站厅	座椅火灾	C3	3	失效	有效
位置 4	集散大厅	行李火灾	C4	2	失效	有效
位置 5	地面轨行区	列车火灾（自然蔓延）	C5	18	—	有效
位置 6	高架层候车区	座椅火灾	C6	3	失效	有效
位置 7	高架层候车区	商业火灾	C7	3	有效	有效
位置 8	高架夹层旅服区	商业火灾	C8	6	失效	有效

2. 人员疏散的模拟

地下一层主要由铁路旅客出站、快速进站，出租、社会车辆配套，以及交通换乘大厅等组成。人员由进出站旅客及商业场所内人员组成。对于出站旅客人数计算方法：设定停留时间（即旅客在该空间所停留的平均时间），按最远步行距离和步行速度确定停留时间，步行速度取 1 m/s，并按高峰流量法确定疏散人数。根据设计资料，乘客出站在城市通廊内行走最远距离约为 254 m，人员最大通过时间为 254 s。取高峰小时发送量的 100% 为到达量，即到达量为高峰小时 9 315 人/h。人员在地下一层的停留时间为 254 s，则人员数量为（12 110 × 254）/3 600=855（人）。地下一层商业面积约为 3 386.04 m²，根据《建筑设计防火规范》第 5.5.21 条第 7 款规定，商业场所人数为 3 386.04 m² × 0.6 人/m²=2 032（人）。因此，地下一层人数为 855+2 032=2 887（人）。

该火车站最高聚集人数［车站全年上车旅客最多月份中，一昼夜在候车室内瞬时（8～10 min）出现的最大候车人数的平均值］为 5 000 人，考虑 1.3 倍的安全系数，最高聚集人数为 6 500 人。该火车站高峰小时客流量为 9 315 人/h。在模拟时考虑 1.3 倍的安全系数，按 12 110 人/h 计算。假设候车厅平均每个人停留时间为 40 min，则人员数量则为（12 110 × 40）/60=8 074（人）。综上所述，保守考虑，选取人数为 8 074 人。人员候车主要位于高架候车层，所以考虑高架候车层人数为候车区总人数的 90%；集散大厅为人员通过区域，基本不做停留，故考虑集散大厅占候车区总人数的 10%。因此，计算得出高架候车层人数为 8 074 × 90%=7 267（人），集散大厅人数各为 8 074 × 10%=807（人）。各区域的疏散人数见表 8.9。

表 8.9 各区域疏散人数

位置	人数 / 人
地下一层公共区	2 887
集散大厅	807
高架候车厅	5 087
高架夹层	2 180

（1）疏散的参数设置。人员分类可以简化为以下类别：男士、女士、儿童和长者，根据人员身体尺寸和步行速度区分。各人员分类的比例是基于 Simulex 所建议的数值，同时考虑到该建筑主要功能为旅客进出站，因此，本项目的人员种类及组成见表 8.10。

表 8.10 人员种类及组成

人员种类	成年男性 /%	成年女性 /%	儿童 /%	长者 /%
旅客	30	30	20	20

注：Simulex 是另一种逃生模型，由苏格兰爱丁堡大学研发而成。

各人员种类的平面最高行走速度参考了 SFPEHandbook 及 Simulex 的建议，并参考我国人员特点进行一定折减，确定数值见表 8.11。

表 8.11 各人员种类设置参数

人员种类	平均速度 / (m/s)	速度分布	楼梯间或看台内速度 / (m/s)	形体尺寸（肩宽 m × 背厚 m × 身高 m）
男人	1.3	正态	0.7	0.5 × 0.3 × 1.7
女人	1.1	正态	0.6	0.4 × 0.25 × 1.6

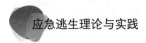

应急逃生理论与实践

续表

人员种类	平均速度 / (m/s)	速度分布	楼梯间或看台内速度 / (m/s)	形体尺寸（肩宽 m × 背厚 m × 身高 m）
儿童	0.9	正态	0.54	$0.3 \times 0.25 \times 1.3$
老人	0.8	正态	0.48	$0.5 \times 0.25 \times 1.6$

疏散运动时间的长短与建筑物内疏散通道的长度、宽度、人员的数量和行进速度等参数有关。人的行进速度与人员密度、年龄和灵活性有关。当人员密度小于 0.5 人 /m² 时，人群在水平地面上的行进速度可达 70 m/min 并且不会发生拥挤，下楼梯的速度可达 51 ~ 63 m/min。相反，当人员密度大于 3.5 人 /m² 时，人群将非常拥挤，基本上无法移动。另外，根据《建筑设计防火规范》第 5.5.16 的规定，平坡地面的每股人员流量为 43 人 /min，阶梯地面的每股人员流量为 37 人 /min，则每分钟每米宽度的人员流量（即流出系数）分别为 43/0.55=78（人）和 37/0.55=67（人）。

疏散出口的有效宽度是出口或楼梯间的净宽度减去边界层宽度。边界层的宽度参考《SFPE 消防工程师手册》中的建议数值，见表 8.12。

表 8.12　　《SFPE 消防工程师手册》中建议的边界层宽度

出入通道	边界层宽度 /cm
楼梯墙壁间	15
扶手中线间	9
音乐厅座椅，体育馆长凳	0
走廊，坡道	20
障碍物	10
广阔走廊，行人通道	46
大门，拱门	15

　　将单位宽度人流流量值乘以各个出口及楼梯间的有效宽度，就可以得到人员疏散行动模拟中各个出口及楼梯间的疏散人流流量。

　　（2）疏散场景的设置。疏散场景的设计总体原则为找出火灾发生后最不利于人员安全疏散的情况。本项目人员疏散场景设置见表8.13。

表 8.13 疏散场景设置

疏散场景	对应火灾场景	火源位置	出口及楼梯情况备注
S1	C1	位置 1	地下一层城市通廊人员全部疏散，封堵火源附近通道
S2	C2	位置 2	地下一层城市通廊人员全部疏散，封堵火源附近疏散出口
S3	C3	位置 3	地下一层城市通廊快速进站厅，不封堵任何疏散出口和通道
S4	C5	位置 5	集散大厅人员全体疏散，封堵火源附近通道和出口
S5	C6	位置 6	高架候车层人员全部疏散，封堵火源附近通道和疏散出口
S6	C7	位置 7	高架候车层人员全部疏散，封堵火源附近疏散出口和通道
S7	C8	位置 8	高架候车层人员全部疏散，封堵火源附近疏散出口和通道

（3）疏散时间的模拟结果。通过采用 STEPS 软件对本项目疏散行动时间进行模拟，通过模拟结果可知，疏散时间见表 8.14。

表 8.14   **疏散时间统计**   （单位：s）

疏散场景	火灾场景	疏散开始时间 t_{start}	疏散行动时间 t_{act}	疏散行动时间（1.5 倍的安全系数）$1.5t_{act}$	RSET
S1	C1	310	92	138	448
S2	C2	310	86	129	439
S3	C3	310	90	135	445
S4	C5	250	72	108	358
S5	C6	250	442	663	913
			328	492	742
S6	C7	250	467	701	951
			336	504	754
			507	761	1 011
S7	C8	250	390	585	835

3. 烟气蔓延数值模拟

建研防火设计性能化评估中心有限公司采用火灾专用模拟软件 FDS（Fire Dynamics Simulator）对该火车站火灾烟气蔓延情况进行了模拟研究，得出了各个火灾场景的温度分布图、能见度分布图、CO 浓度分布图和 CO_2 浓度分布图。

4. 模拟小结

（1）在消防系统有效作用下，可及时控制初期火灾，将火灾损失控制在较小范围，有效降低火灾损失。

（2）在消防系统有效作用下，各火灾场景的危险来临时间均大于人员所需疏散时间，人员安全疏散可以得到保障。

（三）对该火车站各区域疏散逃生方面的建议措施

1. 地下一层

地下一层公共区（地下出站通廊、城市通廊及快速进站通道）人员在紧急情况下可就近选择由：

（1）沿南、北两侧出站楼梯及快速进站厅楼梯疏散到一层站台层区域作为安全区域。

（2）沿东侧楼梯疏散至室外安全区域。

（3）沿西侧疏散门疏散至市政交通枢纽区域。

（4）出站通廊、城市通廊及快速进站区公共区内任一点至最近疏散门或安全出口的直线距离当设置自动喷水系统时不宜大于37.5 m，对于疏散距离超长区域，调整疏散路径，使人员行走距离最远不宜大于50 m。

2. 站台层

站台层的集散大厅、售票厅可通过东西两侧设置的疏散口疏散至室外，任一点至最近疏散门或安全出口的直线距离当设置自动喷水系统时不宜大于37.5 m，对于疏散距离超长区域，调整疏散路径，人员行走距离应控制在50 m范围内。

3. 高架候车层及夹层

（1）高架候车厅人员直接向室外高架平台疏散，或通过疏散楼梯向站台层疏散，站台层作为相对安全区。

（2）高架候车厅任一点至最近疏散门或安全出口的直线距离当设置自动喷水系统时不宜大于 37.5 m，行走距离最远不宜大于 50 m。

（3）高架候车厅任一点至最近疏散门或安全出口的直线距离当设置自动喷水系统时不宜大于 37.5 m，行走距离最远不宜大于 50 m。

（4）高架夹层可通过通往高架层的封闭楼梯间或敞开楼梯间疏散至高架候车厅层后疏散至室外。

（5）高架夹层南侧商业区由于位于高架层检区上方，无法在中部设置疏散楼梯，因此其疏散距离应满足以下要求：南侧夹层区域通过敞开楼梯间或封闭楼梯间疏散距离可按 60 m 控制（设置自动灭火系统）；敞开楼梯间或封闭楼梯间下到高架层后距离室外出口的距离不得大于 15 m。

（6）疏散走道、安全出口和疏散楼梯百人净宽度参考《建筑设计防火规范》多层建筑进行设计。

4．地下一层车库及车库夹层

（1）独立划分防火分区的设备管理用房其疏散出口设计按《建筑设计防火规范》进行设计。

（2）车库每个防火分区的人员安全出口不应少于 2 个，当该防火分区仅为车辆通行的车道、无人员停留时，可通过借用相邻防火分区进行疏散。

（3）汽车库室内任一点至最近人员安全出口的疏散距离当设置自动灭火系统时不应大于 60 m，当局部区域疏散距离不满足规范要求时，在保证有两个独立的安全出口的条件下，可通过借用相邻防火分区解决疏散距离较长的问题。

8.2.2 机场

一、机场火灾特点

机场火灾主要分为机场航站楼火灾和飞机火灾，这里仅介绍机场航站楼火灾。机场航站楼与火车站的火灾特点类似，机场航站楼内具有旅客行李、座椅、信息提示屏、指示牌、广告牌、各类商品、餐饮场所内餐桌座椅和装修装饰材料这些可燃物，同时，机场航站楼内也有许多用电设备及电缆，有发生电气火灾的可能性。由于机场航站楼体积庞大、人员密集，疏散路径复杂，一旦发生火灾将造成严重的人员伤亡和财产损失。

二、机场应急疏散的特殊性

随着航空业的迅猛发展，机场航站楼已从过去的单一功能（办票、候机、登机），逐步发展成为功能多样、超大空间的建筑集合体。

现代化的机场航站楼建筑多采用单一大屋顶结构形式。这种结构形式的建筑通常表现为空间巨大、主入口靠近一侧、大空间区域难以分隔为不同的小空间、几层空间相互连通等建筑特点。机场航站楼建筑的使用功能和建筑特点决定了其人员组成复杂，大厅出入口处人员密度高，人员一般对建筑疏散出口、路径及其他消防设施不熟悉，一旦发生火灾，人员难以进行安全的疏散与逃生。

三、机场相关标准规范

机场相关标准规范包括《建筑设计防火规范》和《民用机场航站楼设计防火规范》（GB 51236—2017）。

　　机场航站楼的消防设计原则上应该执行《民用机场航站楼设计防火规范》和《建筑防火设计规范》的相关要求。但由于机场航站楼项目使用功能上的特殊性，导致有许多设计内容难以完全满足规范的要求。

　　四、消防设计与应用

　　由于机场航站楼巨大的空间和人员疏散的困难，需要对机场航站楼进行消防设计，验证其发生火灾时，人员能否进行安全疏散。本部分选取奥雅纳工程咨询（上海）有限公司北京分公司消防安全部和中国建筑科学研究院建筑防火研究所对某机场的应急逃生及疏散相关的消防设计作为范例介绍。

　　机场航站楼设计中存在着不能完全满足规范要求或规范无法涵盖的设计难点，主要体现在防火分区、疏散距离、安全出口、排烟设计和疏散指示几个方面。

　　1. 防火分区

　　根据《建筑设计防火规范》中规定高层建筑设置自动喷水灭火设施时，地上部分每个防火分区的面积不应超过 3 000 m²。《建筑设计防火规范》中规定地下建筑每个防火分区的面积不应超过 1 000 m²（机电房 2 000 m²）。该机场地下机电设备用房，2 个防火分区的面积均超过 2 000 m²，最大的防火分区面积 2 600 m²。

　　奥雅纳工程咨询（上海）有限公司北京分公司消防安全部针对该机场航站楼的防火分区过大问题，根据机场航站楼的功能及空间特点等将航站楼公共区划分为防火控制区，防火控制区之间采取防治火灾蔓延的措施。对可燃物采用"舱"和"独立防火单元"的方式进行控制，限制其直接暴露于大空间中的可燃物的数量。"独立防火单元"是针对大空间内局部集中的具有围护结构的商业或餐饮区进行特殊的防火分隔。该集中区域外围的围护结构采用 2 h 防火隔墙、1.5 h 耐火极限的楼板进行保护，当该单元内部着火时，能有效控制火灾，防止蔓延至航站楼其他区域。"舱"，是指包括一个坚实的有足够耐火极限的顶棚，覆盖在整个火灾荷载相对较高的区域之上，如面积较大的商业设施。顶棚下设置自动探测报警系统、自动喷水灭火系统和机械排烟系统，顶棚四周设有一定深度的挡烟垂壁或者从底部直至顶棚的围护结构。这样，既可快速抑制甚至扑灭火灾，又可防止烟雾蔓延到大空间。

2. 疏散距离

《建筑设计防火规范》中规定大型开敞空间室内任意一点至最近的疏散门或安全出口的直线距离不应大于 30 m，疏散门应采用不超过 10 m 的走道连通最近的疏散门。设置自动喷水灭火系统时，以上距离可增加 25%。

奥雅纳工程咨询（上海）有限公司北京分公司消防安全部对该机场航站楼疏散宽度不能满足设定要求和疏散距离超长的区域根据性能化分析的方法进行校核，综合分析其人员实际需要疏散时间和可用安全疏散时间，对比结果表明，机场的大空间能提供一个非常安全的环境，使得人员可以在以上条件下可以安全疏散。为了防止火灾导致运营出现混乱，奥雅纳工程咨询（上海）有限公司北京分公司消防安全部建议北京新机场航站楼采用分阶段疏散策略（包括单区疏散和多区疏散），在发生极端失控事件时疏散整个航站楼内的人员。

（1）单区疏散。将航站楼划分为若干个不同的防火控制区，在任何一个区内发生火灾时理论上仅启动该区的疏散广播及报警系统，该区域内的人员应能迅速疏散至相邻分区或其他安全地带。

（2）多区疏散。由于航站楼各层的空间在很多位置都竖向贯通，一旦下层发生火灾，烟气会沿竖向空洞一直上升至屋顶下方。此时，上部楼层的人员看到烟气后可能也会选择疏散。因此，考虑由竖向孔洞贯穿的多个分区同时疏散，并通过性能化分析和模拟论证人员疏散的安全性。

3. 安全出口

《建筑设计防火规范》中规定面积大于 1 000 m² 的防火分区，直通室外的安全出口不应少于 2 个。《民用机场航站楼设计防火规范》中规定航站楼内每个防火分区应至少设置 1 个直通室外或避难走道的安全出口，或设置 1 部直通室外的疏散楼梯。

奥雅纳工程咨询（上海）有限公司北京分公司消防安全部对开敞楼梯、登机桥等非常规疏散路径要求采取安全措施，并且对缺乏独立疏散楼梯的防火分区，应当设置不少于 3 个借用疏散出口。

4. 排烟设计

《民用机场航站楼设计防火规范》中规定航站楼内的下列区域或部位应设置排烟设施，并宜采用自然排烟方式：

（1）出发区、候机区、到达区、行李处理用房。

（2）长度大于 20 m 且相对封闭的走道。

（3）建筑面积大于 50 m² 且经常有人停留或可燃物较多的房间。

考虑航站楼的巨大空间，奥雅纳工程咨询（上海）有限公司北京分公司消防安全部建议对该航站楼公共空间的所有区域均设置烟气控制系统。

采用机械加压送风防烟系统的位置包括防烟楼梯间及其前室、消防电梯井、防烟楼梯间及消防电梯合用前室。

其他位置均设置排烟系统，机械排烟的设置原则为：

（1）一个防烟分区的面积不超过 2 000 m²；防烟分区的长边不应大于 60 m。

（2）当室内高度超过 6 m 且具有自然对流条件时，长边不应大于 75 m。

（3）防烟分区应采用挡烟垂壁、结构梁及隔墙划分。

（4）各区域的排烟率均由性能化分析确定。

（5）挡烟垂壁的设置高度分为两种，在一般情况下，挡烟垂壁的高度应不小于 500 mm，在严格要求烟气不应越过挡烟垂壁时，挡烟垂壁应下至设计的清晰层高度处。

5. 疏散指示

《建筑设计防火规范》中规定疏散指示标志位于两个出口之间时，疏散指示的间距不大于 20 m。

航站楼公共区具有面积大、空间开敞通透等特点。其建筑特点决定了疏散指示系统的设置也有其自身的特点，比如普通民用建筑在隔墙靠近地面处设置疏散指示，但在航站楼，可能在长达数百米的范围内都是空旷的空间，没有分隔墙，甚至结构柱都非常少。同时，数百米的空旷的空间也意味着可以看得非常远。因此，在目前的机场航站楼项目中，均采用了根据视距计算来设计航站楼的疏散指示系统的方式。根据分析结果，奥雅纳工程咨询（上海）有限公司北京分公司消防安全部建议航站楼公共区的疏散指示系统的设置要求为：

（1）航站楼公共空间应在地面上方设置灯光疏散指示标志，或者在地面设置疏散导流标志。如果上方设置了疏散指示标志，地面可不必设置疏散导流标志。

（2）疏散指示标志的尺寸应不小于 300 mm × 150 mm，设置间距不大于 30 m。

（3）疏散标志应尽量设置在墙面上。当设置在墙面时，距地高度应小于 1 m；当不能设置在墙面时，可设置在顶棚或立柱，设置高度应位于设计清晰层高度以下，具体为：大空间高度超过 14 m 时，设置高度不超过 3 m，空间高度超过 10 m 时，标志设置高度不超过 2.6 m；其他空间，设置高度不超过 2 m。

（4）大空间中有局部悬挑楼板的下方，当楼板的悬挑长度不超过 20 m 时，可以视为大空间，其标志设置高度按悬挑边沿处大空间高度计算。

（5）根据《民用建筑电气设计规范》的规定，对于行李提取大厅、联检大厅、综合换乘中心等大面积的标准层高空间，当疏散指示标志灯具必须装设于顶棚上时，灯具应明装，且距地不应大于 2.5 m。

（6）首层楼梯出室外的路线，应设置灯光疏散指示标志和能保持视觉连续性的疏散导流标志。疏散导流标志的间距在走道及行李处理机房内应不大于 3 m，在公共空间内不大于 10 m。

8.2.3　其他交通枢纽

交通枢纽包括火车站、汽车站、机场和港口，前两节介绍了火车站和机场的特殊消防设计，而汽车站和港口由于特殊消防设计的工程实例比较少，这里只对汽车站和港口的火灾特点以及相关标准规范进行介绍。

一、汽车站

1. 汽车站火灾特点

汽车站的主要功能区和火车站类似，都包括候车区、集散厅、站台区、售票厅和交通通道，因此，汽车站的火灾类型和火灾易发生的区域也与火车站类似，并且由于汽车站的规模一般小于火车站，所以汽车站的火灾危险性一般小于火车站。

2. 汽车站相关标准规范

《交通客运站建筑设计规范》（JGJ/T 60—2012）

《建筑设计防火规范》

《消防安全标志设置要求》（GB 15630—1995）

《建筑内部装修设计防火规范》

《交通客运站建筑设计规范》适用于新建、扩建和改建的汽车客运站，其中涉及防火与疏散设计的规范如下：

（1）汽车客运站的停车场和发车位除应设室外消火栓外，还应设置适用于扑灭汽油、柴油、燃气等易燃物质燃烧的消防设施。体积超过 5 000 m³ 的站房，应设室内消防给水。

（2）候乘厅应设置足够数量的安全出口，进站检票口和出站口应具备安全疏散功能。

（3）交通客运站内旅客使用的疏散楼梯踏步宽度不应小于0.28 m，踏步高度不应大于 0.16 m。

（4）候乘厅及疏散通道墙面不应采用具有镜面效果的装修饰面及假门。

（5）交通客运站消防安全标志和站房内采用的装修材料应分

别符合现行国家标准《消防安全标志设置要求》和《建筑内部装修设计防火规范》的有关规定。

（6）交通客运站的防火和疏散设计应符合国家现行有关建筑防火设计标准的有关规定。

（7）交通客运站的耐火等级，一、二、三级站不应低于二级，其他站级不应低于三级。

（8）交通客运站与其他建筑合建时，应单独划分防火分区。

二、港口

1. 港口火灾特点

港口是位于海、江、河、湖、水库沿岸，具有水路联运设备以及条件供船舶安全进出和停泊的运输枢纽。港口分为客运港口和货运港口，其中货运港口的火灾危险性远远大于客运港口，因此本章节仅介绍货运港口。随着我国经济建设不断发展，货运港口作为生产生活资料主要集散地，其货运吞吐量和货运品种在不断地增加，包括了大量可燃、易燃、易爆的物资，一旦发生火灾，将会造成重大人员伤亡和财产损失。货运港口的火灾危险性主要有：

（1）货品火灾危险性。货运港口每天要装卸周转大量的货物，其中包括大量可燃易燃物质，这些可燃、易燃、易爆物质遇火源极易引发火灾、爆炸事故。此外，港口内各类可燃物比较密集，一旦发生火灾，极易造成火灾的蔓延。

（2）船舶火灾危险性。港口内经常有载有大量可燃、易燃、易爆物品的船舶停泊，一旦发生火灾，将会造成船毁人亡的严重后果，甚至会蔓延到港区，影响整个港区的消防安全。

（3）机械设备电气火灾危险性。为了进行港口装卸、运输作业，港口配备有起重机、装卸机及皮带输送机等各类装卸运输机械，另外港区内还有数量繁多的电缆。各类装卸运输机械在潮湿、多粉尘的情况下工作极易造成电气设备及电气线路漏电、超负荷、接触电阻过大和短路而引发电气火灾。

2. 港口相关标准规范

国内暂无专门针对港口的消防设计规范，现有的与港口相关的消防设计规范为《油气化工码头设计防火规范》（JTS158—2019）。码头是供船舶停靠、装卸货物和上下旅客的水工建筑物。

《油气化工码头设计防火规范》规定，油气化工码头与锚地的安全距离不应小于表 8.15 的规定。

表 8.15 　　　　　　　　油气化工码头与锚地的安全距离

油气化工码头位置		装卸液体火灾危险性	安全距离 /m
河港	位于锚地下游	甲、乙、丙	150
	位于锚地上游	甲、乙	1 000
		丙	150
海港		甲、乙	1 000
		丙	150

海港甲、乙类油气化工码头在泊船舶与航道边线的净间距不宜小于 100 m；河口港和河港可根据实际情况适当缩小，但不宜小于 50 m。

油气化工码头与公路桥梁、铁路桥梁的安全距离，不应小于表 8.16 的规定。

表 8.16　　　　油气化工码头与公路桥梁、铁路桥梁的安全距离

油气化工码头位置		装卸液体火灾危险性	安全距离 /m
河港	位于公路桥梁、铁路桥梁下游	甲、乙	150
		丙	100
	位于公路桥梁、铁路桥梁上游	甲、乙	300
		丙	200
海港		甲、乙	300
		丙	200

　　油气化工泊位与其他货种泊位的防火间距不应小于表 8.17 的规定。

表 8.17　　　　油气化工泊位与其他货种泊位的防火间距　　　　（单位：m）

泊位类型	装卸液体火灾危险性	
	甲、乙类	丙类
海港客运泊位	300	
位于油气化工泊位上游河港客运泊位	300	
位于油气化工泊位下游河港客运泊位	3 000	
其他货种泊位	150	50

　　海港液化天然气泊位、液化烃泊位与油气化工品以外的其他货种泊位的防火间距，不应小于 200 m。河港液化天然气泊位、

液化烃泊位与油气化工品以外的其他货种泊位的防火间距，不应小于 150 m。

甲类油气化工泊位与工作船泊位防火间距不应小于 150 m，乙类油气化工泊位与工作船泊位防火间距不应小于 100 m，丙类油气化工泊位与工作船泊位防火间距不应小于 50 m。对于油气化工码头附属的工作船停靠泊位，在采取等同生产泊位和船舶防火措施的前提下，防火间距可不受限制。

油气化工泊位与除工作船泊位之外的非生产性泊位的防火间距可按照与其他货种泊位的防火间距要求执行，与海事等水上保障系统基地的防火间距可按照客运泊位要求执行。

两相邻的油品或液体化学品泊位之间的船舶净间距不应小于表 8.18 规定的数值。

表 8.18　相邻油品或液体化学品泊位之间的船舶净间距

设计船长 L/m	L ≤ 110	110 < L ≤ 150	150 < L ≤ 182	182 < L ≤ 235	L > 235
船舶净间距 /m	25	35	40	50	55

两相邻的液化天然气、液化烃泊位或液化天然气泊位与液化烃泊位之间，其船舶净间距不应小于 0.3 倍最大设计船长，且不得小于 35 m。

液化天然气、液化烃泊位与油品或液体化学品泊位相邻布置时，其船舶净间距不应小于 0.3 倍最大设计船长，且不得小于 45 m。

码头工作平台两侧或浮码头内外档停靠船舶的船舶净间距，液化烃和液化天然气泊位间的船舶净间距不应小于 60 m，甲 B 类油气化工泊位间的船舶净间距不应小于 25 m，乙、丙类油气化工泊位间的船舶净间距可不受限制。对于两侧装卸不同火灾危险性货物的船舶净间距，应按火灾危险性等级高的执行。

海港液化天然气码头与接收站储罐的防火间距不应小于 150 m。液化烃码头与陆上储罐的防火间距不应小于 50 m。其他油气化工码头与陆上储罐的防火间距不应小于表 8.19 规定的数值。

表 8.19   其他油气化工码头与陆上储罐的防火间距　　　（单位：m）

储罐分类		装卸液体火灾危险性	
		甲、乙类	丙类
外浮顶储罐、内浮顶储罐、覆上立式油罐、储存丙类液体的立式固定顶储罐	$V \geqslant 50\,000$	50	35
	$5\,000 < V < 50\,000$	35	25
	$1\,000 < V \leqslant 5\,000$	30	23
	$V \leqslant 1\,000$	26	23
储存甲$_B$、乙类液体的立式固定顶储罐	$V > 5\,000$	50	23
	$1\,000 < V \leqslant 5\,000$	40	30
	$V \leqslant 1\,000$	35	30
甲$_B$、乙类液体地上卧式储罐		25	20
覆土卧式油罐、丙类液体地上卧式储罐		20	15

注：V 指储罐单罐容量，单位为 m^3。

8.3　文博及古建筑物

我国是一个拥有悠久历史的国家，在中华民族文明史中，留下了许多承载着历史文化价值的文物建筑以及古建筑物。但是随着社会的发展与进步，许多文博单位与古建筑物的消防设施以及相关的水平难以适应如今消防规范的要求。同时这类建筑物一旦发生火灾必定会造成不可挽回的损失，极易造成重大的社会影响。

1. 文博及古建筑火灾的特点

（1）容易燃烧。此类建筑中采用了大量的木材，木结构建筑在起火之后，必须在 20 min 内进行有效扑救，否则就会出现大面积的燃烧。古建筑中的木材由于长期干燥和自然侵蚀，往往出现许多裂缝，致使其牢固程度变差，使得木材在着火时更易燃烧。同时，古建筑的屋顶相当宽大且坚实，发生火灾时，屋顶内部的烟雾和热量不易散发，温度容易积聚，从而导致轰燃。

（2）产烟量大。1 kg 木材燃烧时可生成 20 m^3 烟雾，产生的烟雾体积相当于木材自身体积的 300 倍，这些生成的烟气是影响人员逃生以及对人员造成伤害的主要因素。在施救过程中，消防人员难以进入，又不宜使用破拆手段，因此，在一定程度上增大了扑救难度。

（3）燃烧易扩散。古代建筑一般在总平面上成组、群、对称布置，形成格局。由于廊道相接，建筑相连，建筑群内缺少防火分隔和安全控件，少有消防通道，一处起火，火灾不能得到有效控制，毗邻的建筑很快出现大面积燃烧，既不利于安全疏散，还容易形成"火烧连营"，致使古代建筑大面积被烧毁。

（4）影响严重。古代建筑火灾不同于普通建筑火灾，火灾中烧毁的都是价值连城的文物古迹，会造成难以挽回的重大损失。一些古代建筑火灾除了造成重大的经济损失外，还会在国内外造

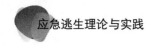

成严重的政治影响和社会影响。

2. 文博及古建筑应急疏散的特殊性

（1）我国古代建筑的分布大多数远离城镇，并且建造时一般充分利用地形特征，人们徒步到达都非常困难，消防车更难以接近，有的根本无法到达火灾现场，因此，这些古建筑一旦发生火灾只能靠自救。少数建在城镇附近的古代建筑，也大都道深巷窄，台阶遍布，建筑院墙高，过道窄，且很少设有消防通道。这些古代建筑发生火灾后，消防队即使及时赶到现场，消防车也无法驶入或靠近建筑进行灭火。

（2）形体高大是古代建筑的一个显著特点，许多殿堂内净高度都在 10 米以上，有的甚至达到几十米，一般消防水枪的充实水柱长度很难满足灭火需要，射流难以到达着火点，无法及时有效地控制火势。

（3）大多文博及古建筑物主要用于旅游，建筑用于展示、餐饮、住宿等，多数建筑均具有商业功能。建筑内设有大功率电器，用火用电量大，极易发生电气火灾。除此之外景区内外来人员较多，语言文化差异较大，游客对于景区的周边环境不够熟悉，一旦发生火灾情况，极易造成人员拥堵及踩踏事件。

3. 文博及古建筑的相关标准规范

与其他类型的建筑物类似，文博及古建筑物的设计规划以及装修布置等也要遵循一系列相关的国家标准与规范，而这些设计规划以及装修布置等内容往往与应急逃生和疏散息息相关，同时对文博及古建筑进行评估时也要参照一定的标准规范文件，主要涉及的标准与规范如下：

《建筑设计防火规范》

《木结构通用规范》（GB 55005—2021）

《城市消防规划规范》（GB 51080—2015）

《农村防火规范》（GB 50039—2010）

《农家乐（民宿）建筑防火导则（试行）》

《文物建筑防火设计导则（试行）》

《古城镇和村寨火灾防控技术指导意见》（公消〔2014〕101号）

《自动喷水灭火系统设计规范》（GB 50084—2017）

《火灾自动报警系统设计规范》

以上是文博及古建筑物在设计规划以及后期评估时经常使用到的涉及应急逃生与疏散的标准规范，下面将针对应急逃生与疏散相关内容加以详细说明。

（1）防火分区的划分。根据《古城镇和村寨火灾防控技术指导意见》第四章建筑防火中的第三款规定，耐火等级较高的建筑密集区，占地面积不宜超过 5 000 m²；当超过时，应在密集区内设置宽度不小于 6 m 的防火隔离带进行防火分隔。耐火等级较低的建筑密集区，占地面积不宜超过 3 000 m²；当超过时，应在密集区内设置宽度不小于 10 m 的防火隔离带进行防火分隔。

防护分区之间的防火分隔措施可以采用以下几种方法：

1）不小于 6 m 的道路宽度或河面宽度作为防护分区之间的防火隔离带。

2）较高一面不开门窗的砖石外墙。

3）若砖石外墙上设置了不正对开设的门窗洞口，若门窗洞口面积之和小于等于正对区域的外墙面积的 10%，则防火间距不应

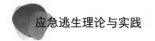

低于 4 m。

（2）耐火等级的划分。根据《建筑设计防火规范》第 5.1.1 条规定，民用建筑的耐火等级应分为一、二、三、四级。此外，依据《木结构通用规范》《混凝土结构设计规范》（GB 50010—2010）、《砌体结构设计规范》（GB 50003—2011）等，可将文博及古建筑物中的建筑大致分为五种形式，分别为混凝土框架结构、砖木结构（有木柱）、砖木结构（无木柱）、木结构以及砌体结构。其中将混凝土框架结构建筑耐火等级定为二级，砖木结构（有木柱）建筑耐火等级定为四级，砖木结构（无木柱）建筑耐火等级定为三级，木结构建筑耐火等级定为四级，砌体结构的建筑耐火等级定为二级。

4. 消防设计与应用

下面引用中国建筑科学研究院对某古镇国际旅游度假区的消防设计工程实例来介绍文博及古建筑的特殊消防设计。

（1）消防安全评估。评估风险有两个关键因素：一是风险发生的可能性；二是风险造成的后果及影响。风险发生的可能性包括基本不可能、不太可能、有可能、非常可能、必然发生，风险造成的后果分为灾难性、高、中、低、较低。风险等级计算方式如下：

$$风险等级 = 风险概率 \times 风险后果等级$$

根据风险大小将其划分成 4 个等级，分别是极高、高、中、低，详见表 8.20。

表8.20　　　　　　　　　　本景区火灾风险因素评估表

功能区	风险因素	火灾类型	风险概率	后果等级	风险等级
酒坊	木屋顶、木桌椅、谷物、木楼梯	A	有可能	低	中
	电线裸露，灯具装饰为藤条	E	有可能	低	中
	酒	B	有可能	低	中
民宿	木屋架、木门窗、木质吊顶（有可燃装饰物）、木质地板、木质家具、窗帘、被褥等	A	有可能	中	高
	大天然气灶	C	有可能	中	高
染坊	杂货、染料、染布、木质扶梯、木质吊顶（有可燃装饰物）、织布机、木质桌椅、木质门窗	A	有可能	低	中
样板房	灯具	E	不太可能	低	低
	木质家具、书画、木屋顶、木质门窗、被褥、木质楼梯	A	有可能	中	高
	电器、电子屏	E	不太可能	低	低
书院	木质吊顶（有可燃装饰物）、木质楼梯、木质地板、木窗、木桌椅、沙发、窗帘、被褥等	A	有可能	中	高
酒店一期	木质吊顶（有可燃装饰物）、木质楼梯、木质地板、木窗、木桌椅、沙发、窗帘、被褥等	A	有可能	中	高

需要说明的是，在被评估景点火灾风险因素中，由于被褥、天然气等属于易燃、易爆物品，发生火灾后易造成人员伤亡和财

产损失，故后果等级评定为中，其余（木质物品）后果等级一般为低。当电荷过载或发生短路时，电线温度升高，易引燃周边的可燃物，因此，电线裸露和灯具装饰为可燃物的火灾风险概率被评定为有可能，其他带电火灾风险概率一般为不太可能。

综合来看，民宿、染坊局部、样板房局部、书院及酒店一期均被评为高风险等级，其余景点为中低风险等级。

以下针对与应急逃生和疏散相关的内容，具体说明所改进的措施以及采用的特殊设计与技术。

（2）消防安全加强技术与措施

1）防火分区

①单体建筑的占地面积大于 3 000 m²。在建筑内部设置防火分隔措施，使得每个分区面积小于 3 000 m²。可采用防火卷帘、防火水幕、甲级防火门等不影响建筑风格的措施进行分隔。若采用防火水幕分隔，其水系统应独立设计，供水时间应不小于 3.0 h，用水量结合分隔长度进行计算确定。在建筑内增设自动灭火系统。

②建筑群的占地面积大于 3 000 m²。应在建筑群内结合景区道路宽度、建筑外墙形式进行局部整改，使其满足防护分区的划分标准。例如，建筑外墙上只用于外部观赏以及建筑内部无须进行开启的门窗洞口，则在建筑内部设置不燃烧体进行分隔。

在采取以上防火措施有困难时，可在防火分隔线的两侧建筑内增设自动灭火系统，以提高建筑防火能力。

2）结构抗火。该景区内大多建筑物中有许多建筑的耐火等级处于三级或者四级，一旦发生火灾，处于三级或四级的建筑物很容易着火或因燃烧发生倒塌，一旦出现这种情况对于景区内人员的应急逃生与疏散是非常不利的，应采取一定的技术措施来进行防护。

①火灾自动报警系统。火灾自动报警系统应覆盖全部建筑，能非常有效地发现火灾、报告火灾并启动相应消防联动设备，尤其是在人员密集场所和可燃物储存场所，火灾自动报警系统显得尤为重要。

②自动灭火系统。自动喷水灭火系统是自动灭火系统中最常见和有效的灭火系统。对于木结构建筑，加设自动喷水灭火系统能有效地提高建筑的耐火时间。

③电气安装。景区内电气设备应穿金属管，采取封闭式金属线槽或难燃材料的塑料管等防火保护措施。

3）消防用水

①室内外消火栓。根据调研结果，景区内的大部分区域均能满足相关国家标准以及规范对室外消火栓的要求，对于不满足的地方可以考虑增设室外消火栓或室内消防设施以对景区的消防能力进行提升与加强。

室外消火栓系统化采用"室内消火栓外置"的设计理念，不作为消防车补充水源，而是室内消火栓的延伸，参照室内消火栓系统的规定，提出景区室外消火栓系统设计标准：

a. 给水系统采用临时高压系统。

b. 室外消火栓的间距不宜大于 60 m。

c. 室外消火栓应沿道路设置，并宜靠近十字路口，与房屋外墙距离不宜小于 2 m。

d. 室外消火栓水枪的充实水柱不应低于 10 m。

e．消火栓管网采用环状管网供水。

f．对室外消火栓管网及消火栓采用防冻处理。

②自动喷淋灭火系统。景区内还有许多区域未按照相关的标准布置喷淋系统，需要加设标准喷淋系统，对于应设置简易喷淋系统的区域，增设简易喷淋系统。

根据《建筑设计防火规范》中的相关规定，结合景区建筑的实际情况，提出本设计的喷淋系统设置原则。

以下区域应设置自动喷淋灭火系统：

a．特等、甲等或超过1 500个座位的其他等级的剧院；超过2 000个座位的会堂或礼堂。

b．任一楼层建筑面积大于1 500 m² 或总建筑面积大于3 000 m²的展览建筑、商店、旅馆建筑。

以下区域应设置简易喷淋系统：

a．建筑层数为1层，防火墙间的建筑长度大于100 m，或防火墙间每层的建筑面积大于1 800 m²的木结构建筑。

b．建筑层数为2层，防火墙间的建筑长度大于80 m，或防火墙间每层的建筑面积大于900 m²的商店、餐饮、展览、旅馆建筑及剧院。

c．建筑层数为3层，防火墙间的建筑长度大于60 m，或防火墙间每层的建筑面积大于600 m²的商店、餐饮、展览、旅馆建筑及剧院。

4）电气防火

①电气监控系统。该景区仿古建筑群以砖木结构为主，同时

没有设置防火隔离和分区，为火灾高危建筑，应属于特级防火建筑。除了必须安装感烟火灾报警系统以外，还应该安装电气火灾监控系统，以便在发生电气火灾后及时报警以采取措施。

根据国家标准的要求和古镇的具体情况，初步加强设计思想如下：

a. 在消防中控室设置一台监控主机，接收和监控各个景区分机和探测器送来的通信信号，监视各个监控点的具体情况。

b. 在各景区区域分别设置监控分机，分机主要连接区域内的各个电气火灾探测器传送的信号，并监控分区内是否具有电气火灾危险的动态。

②火灾自动报警系统。火灾自动报警系统的设计应符合《火灾自动报警系统设计规范》的相关要求，根据其建筑使用功能、建筑特点采取不同的火灾探测报警系统进行防护设计。

a. 火灾自动报警系统应做到全面覆盖全部景区。

b. 对于建筑内部空间高度较小的普通居住、工作、生活、展览类建筑，火灾初期很少有明火产生，可采用点型感烟火灾探测器，每个房间至少一只，经济实用并且维护方便。设置方法应符合《火灾自动报警系统设计规范》第6.2条相关内容的要求。

c. 对火灾发展迅速，可产生大量热、烟和火焰辐射的场所，如厨房等房间，可选择感温火灾探测器。

d. 对使用、生产可燃气体或可燃蒸汽的场所，应设置可燃气体探测器。

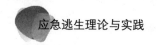

8.4 高层以及超高层建筑

高层及超高层建筑主要包括住宅建筑以及公共建筑，一般来说，高层及超高层公共建筑相对来说火灾危险性更大，应急疏散更难进行，以下将以高层及超高层公共建筑为例进行介绍。

一、高层公共建筑的火灾特点

高层公共建筑不同于高层住宅建筑，此类建筑大部分集办公、购物、旅店、展览、餐饮、文娱、交通枢纽等多种功能于一体，其功能复杂，体量庞大。在发生火灾事故时，具有以下特点：

（1）火势蔓延快。高层公共建筑一般体量更大，疏散通道更多，导致竖向连通空间更多，如通风井、管道井、电缆井、电梯井、楼梯间等，发生火灾时如果竖井的丙级防火门或楼梯间的乙级防火门没有关闭或关闭不严，会导致烟火在建筑各层和竖井内的相互蔓延，烟火便会很快蔓延到整个建筑。

（2）高层公共建筑的功能复杂、体量庞大，高层公共建筑内人员高度密集、流动性大、建筑物内部结构更复杂，且大部分高层公共建筑集多种功能于一体，一旦发生火灾极易造成惨重的经济损失。

（3）高层公共建筑火灾中，由于面积广，层数多，各类办公室、广告牌、库房等融为一体，各类商贸店铺毗连一片，人员集中流动量大，一旦发生火灾，火势蔓延途径多、燃烧猛烈。

二、高层公共建筑应急疏散的特殊性

高层公共建筑相对其他建筑的疏散难度比较大，同时其应急疏散自身具有一定的特殊性。

（1）高层或超高层建筑地理位置一般处于繁华的商业区，由于功能多、高度高、结构复杂、疏散通道狭窄、人员集中、可燃物多、火灾荷载大，当发生意外火灾时，人员疏散困难、经济损失大，灭火救援难度高。高层公共建筑的内部装修豪华，大多装修材料属可燃或易燃性材料，很多单位采用玻璃作为幕墙，当发生火灾时产生高温，玻璃破碎坠落，影响消防车靠近和救援人员开展灭火行动。

（2）建筑楼群中各单位、各部门众多，各楼层经营性质错综复杂，人员密集，对于楼层结构、疏散标志、逃生通道并不是每个人都熟悉掌握，一些避难场所和逃生通道被占用等现象依然存在，各种应急通道、疏散标识标志缺失、损坏，受困人员缺乏逃生知识，对于防灾救灾意识淡薄和自救能力较低的人员，在逃生过程中行动缓慢或方法不当，导致人员聚集混乱、疏散困难。

（3）高层公共建筑各楼层互相连通，当发生火灾时，火势和烟雾沿着走道、门、窗、竖井管道等途径迅速蔓延到各个楼层，易形成"烟囱效应"，加剧火势垂直蔓延速度。由于楼高，空气流动充分，当防火分区功能损坏失效时，火灾所产生的烟气和热浪将迅速蔓延形成大面积火灾，当火灾失去控制后形成立体火灾的概率极大，这些对于建筑内部人员的安全疏散也是十分不利的。

三、高层公共建筑的标准规范

由于超高层的建筑特点和建筑结构特殊性，某些建筑超出了现行消防设计规范涵盖范围，消防安全设计内容无法严格按规范设计，这类项目设计在依据国家现行消防设计规范的同时，将参考同类项目案例和国外先进设计理念对目前设计中存在的难点问题制定具体的消防策略，并通过消防性能化设计或消防安全论证予以分析，使高层及超高层建筑的消防设计在整体上达到较高的消防安全水平。

高层及超高层建筑常规区域的消防安全设计，将严格执行现行相关规范，主要包括：

《建筑设计防火规范》

《消防控制室通用技术要求》（GB 25506—2010）

《办公建筑设计标准》（JGJ 67—2019）

《饮食建筑设计标准》（JGJ 64—2017）

《汽车库、修车库、停车场设计防火规范》

《建筑内部装修设计防火规范》

《自动喷水灭火系统设计规范》

《火灾自动报警系统设计规范》

《建筑灭火器配置设计规范》（GB 50140—2005）

《水喷雾灭火系统技术规范》（GB 50219—2014）

《建筑防火封堵应用技术规程》（GB/T 51410—2020）

四、消防设计与应用

下面引用奥雅纳工程咨询（上海）有限公司北京分公司消防安全部对某超高层公共建筑的消防设计工程实例来介绍高层及超高层公共建筑的特殊消防设计。

该建筑总占地面积 11 500 m^2，是集办公、高档商务会所、观光、地下车库等多功能为一体的大型综合发展项目。由于建筑使用功能的需求，塔顶观光区、大堂等区域需提供开敞大空间效果；

地下室由于设备体量、工艺及操作空间的连续性要求，消防安全设计无法按现行规范设计。因此，需要根据建筑的具体情况或者参考国内外相类似的工程实例进行与应急逃生及疏散相关的消防设计。

（一）整体消防设计

1. 疏散距离

按照国家规范的规定，建筑内不同用途区域的人员数量可按防火分区建筑面积结合疏散人数换算系数计算。

通过对该建筑的具体情况进行统计与考察，在实际设计中给出了该建筑疏散距离应遵循的原则：

（1）塔楼标准办公楼层为开敞布置，满足每个防火分区2个安全出口，疏散距离按室内任何一点至最近的安全出口的直线距离基本满足不超过30 m。

（2）塔楼标准办公层设有会议功能等固定分隔的房间，疏散距离按照房间内最远点到房门的直线距离不大于15 m，其他区域符合双向疏散条件的，疏散距离控制在40 m，单向疏散距离控制在20 m。

（3）位于两个安全出口之间面积大于60 m²或位于走道尽端，面积大于75 m²的房间疏散门的数量不少于2个。

（4）大堂、多功能厅、餐厅、观光大堂、办公大堂等大空间区域疏散距离按任一点至安全出口的疏散距离控制在30 m以内。

2. 避难层

塔楼共设8个避难层，避难层的设备机房／管道采用集中布置。由于甲级办公楼层高的建筑需求，2个避难层之间的最大高

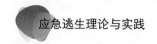

差约 76 m。

考虑到建筑自身的特点与用途，国标规定一定程度上不能满足建筑内人员应急逃生与疏散的需求，必须在统计该建筑内具体情况的基础上对其进行加强设置。为了加强避难层的安全可靠性，与避难层上下相邻楼层的楼板耐火极限提高至 2 h，避难区所在楼层层高为 3.5 ~ 4 m，面积应满足各区使用人员需求，各区避难面积均有富余，且满足净面积不小于 5 人 /m²。

根据该建筑的具体情况要在各避难层与消防控制中心之间，设置独立的有线和无线呼救通信，并且要求每隔 20 m 设置一个消防专用电话分机或电话塞孔。

（二）人员疏散

作为一座高度 500 m 以上的超高层建筑，在高峰期可容纳的人员数量将超过 2 万人，若只能依靠疏散楼梯进行疏散，则需要很长时间，更何况发生火灾时各种不利因素都可能对疏散造成不利影响，如通过楼梯向上行进的消防队员要携带大量的装备，常常会迟滞人流向下疏散的速度；进入楼梯间的少量烟气，以及地面上汇集的大量消防用水也会在人群中产生恐慌，并影响疏散速度。因此，本项目考虑采用穿梭电梯作为辅助疏散方式。

考虑到本项目顶部为观光大堂，会有大量非常驻人员，这部分人群对疏散路径不熟悉，再加上处于 500 m 左右的高层，疏散路径超长，疏散的安全性面临巨大的挑战。根据以往的项目经验和国际上超高层疏散的设计，本项目拟采用效率较高的穿梭电梯辅助顶区人员疏散。消防设计单位对塔楼人员安全疏散作了较深入的分析，并结合 STEPS 软件模拟分析，论证塔楼整体人员疏散的安全性。

1. 电梯辅助疏散

为提高塔楼人员疏散效率，缓解超高层塔楼疏散对人员带来的心理和生理压力，本项目将使用"电梯辅助疏散"。在各种火灾场景下，用于疏散的穿梭电梯，首先降至首层，之后由专业人员操作，并分别上至各自服务的避难层辅助疏散。

本项目停靠首层的穿梭电梯共分为4组，技术规格见表8.21。

表 8.21　　　　　　　　　　穿梭电梯技术规格

梯组	数量	编号	载重量 /kg	最大载客量 / 人	最大速度 / (m/s)
A	6	L01 ~ L06	1 600	21	7
B	6	M01 ~ M06	1 600	21	9
C	5	H01 ~ H05	1 600	21	上行：10 下行：9
D	2	S01 ~ S02	1 600	21	8

参考以往项目经验，当穿梭电梯用于辅助疏散时，越高的楼层提升的疏散效率越大。考虑到本项目8区设有大型观光区，将汇集较多游客、观光团体等，而小孩和老人又在人群中占据较大的比例。该部分人群缺少相关疏散演习训练，对于疏散路线不熟悉，当火灾发生时，极易发生恐慌从而极大地减缓人员疏散速度。火灾情况下，本项目将使用D组穿梭电梯辅助疏散，其余穿梭电梯将返回首层不再运作。D组两组穿梭电梯将主要服务于辅助8区人员疏散，其中一部穿梭电梯在4、5、6、7区预留开口，以便在火灾时辅助中高区的老弱病残人员疏散。

2. 疏散策略

建筑人员疏散采用"局部疏散""分阶段疏散"和"整体疏

散"相结合的疏散策略。

（1）局部疏散。本项目建筑内部全面设有火灾报警系统，系统设计满足现行规范要求。当塔楼任意楼层发生火灾时（报警局限于火灾发生楼层），将首先根据紧急广播系统预设的疏散指示进行局部人员疏散；人员疏散到达着火层所在区避难层后，除非有通知警报解除，否则人员仍应继续往下疏散，直到到达首层室外安全区域。

（2）分阶段疏散。当火灾继续蔓延，并影响到除着火层及上下楼层以外的其他楼层（其他楼层出现报警），此时需同时联动着火层所在的分区，并发出紧急疏散指示，建筑管理人员根据疏散预案开始对着火层所在的分区进行疏散，即开始"分阶段疏散"。

本项目塔顶区域观光会所区域人员较为集中，为避免人员恐慌和塔楼整体安全性考虑，需同时通知着火楼层疏散分区和顶部8区观光及会所层的各层人员进行同时疏散，这两个区域的人员将使用各自楼层的疏散楼梯到达疏散分区以下的避难层后，将根据避难层的实际情况，选择使用疏散电梯或防烟楼梯继续向下疏散，直到到达首层室外安全区域。塔楼分阶段疏散将采用STEPS人员疏散模拟软件，模拟分析穿梭电梯辅助疏散情况。

（3）整体疏散。当火灾无法控制时，主体结构会因为长时间暴露在高温情况下而造成损伤，为避免承重结构破坏造成的巨大伤亡，需对塔楼各层人员进行疏散，直到所有楼层的人员全部疏散至首层室外安全区域，整体疏散方可结束。

塔楼整体疏散时，疏散电梯将首先到达首层，之后根据各区需要，由专业人员操作驾驶，停靠至避难层开始辅助疏散。塔楼整体疏散分析将结合 STEPS 人员疏散模拟软件进行，对比分析穿梭电梯辅助疏散对塔楼整体疏散的影响。

3．STEPS 人员疏散模拟分析

（1）疏散人数设定。疏散模拟人数只考虑塔楼地上部分人员疏散，且不重复计算只供塔楼人员使用区域的人数，总人数为 22 000 人。

（2）疏散场景设定。为论证塔楼整体疏散时间及疏散策略的有效性，设定下述两种疏散场景，并通过 STEPS 软件进行模拟分析。

疏散场景 1：整疏散。当火灾无法控制时，为避免结构损伤造成的坍塌伤亡，将对全楼所有人员进行疏散。

疏散场景 2：分阶段疏散。火灾在某区蔓延时，同时疏散该区和观光区，共可细分为 9 个子疏散场景，见表 8.22。

表 8.22　　　　　　　　疏散场景具体情况

着火分区	疏散分区									疏散场景编号
	8	7	6	5	4	3	2	1	0	
8	√	×	×	×	×	×	×	×	×	2A
7	√	√	×	×	×	×	×	×	×	2B
6	√	×	√	×	×	×	×	×	×	2C
5	√	×	×	√	×	×	×	×	×	2D
4	√	×	×	×	√	×	×	×	×	2E
3	√	×	×	×	×	√	×	×	×	2F

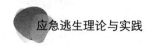

续表

着火分区	疏散分区									疏散场景编号
	8	7	6	5	4	3	2	1	0	
2	√	×	×	×	×	×	√	×	×	2G
1	√	×	×	×	×	×	×	√	×	2H
0	√	×	×	×	×	×	×	×	√	2I

注：√表示配备有穿梭电梯，×表示没有配备穿梭电梯。

（3）整体疏散总结。整体疏散可细分为两个子疏散场景，分别是只通过防烟楼梯进行疏散和利用D组穿梭电梯进行辅助疏散。根据模拟结果，只通过防烟楼梯疏散完毕所需 2 h 15 min，当电梯辅助疏散时，全楼疏散完毕用时为 1 h 55 min～2 h 10 min。

从总的疏散时间上看，对比仅使用疏散楼梯疏散，采用电梯辅助疏散，整体疏散时间可减少 6～18 min，疏散效率整体提高 3%～12%。

（4）分阶段疏散总结。在分阶段疏散中，疏散结束时间为疏散分区人员全部疏散至首层室外区域的时间。每个场景分别对比模拟仅利用 3 部疏散楼梯和电梯辅助疏散两种情况。当分阶段疏散时，电梯辅助的疏散时间从 62～77 min 不等，而只采用 3 部楼梯进行疏散的时间大概为 70～91 min 不等，与只采用 3 部疏散楼梯比较，疏散时间缩短。最大可提高疏散效率 15.4%（2B 场景），最短可提高效率 8.5%（2D 场景）。

综上所述，在相同疏散楼梯设置条件下，采用"电梯辅助疏散"较大地提高整体疏散效率。

在满足塔楼不同功能区疏散宽度要求的前提下，本项目所提供的疏散方案，能够提高塔楼整体人员疏散的安全性。

本项目疏散楼梯隔墙采用加气混凝土条板，可提供不少于2.5 h的耐火需求，高于规范要求的2 h耐火设计要求，对比人员疏散模拟结果分析，疏散楼梯耐火设计可以为人员疏散提供更为安全的疏散条件。

（三）烟气控制

建筑主体本身较高，风压可能会对防烟排烟系统造成一定的影响，对于塔顶观光区等需要进行性能化分析论证的大空间区域，防烟排烟设计主要参考国内外性能化设计资料，如《CIBSEGuideE：英国消防工程指南》及同类项目案例和国外先进设计理念进行排烟设计，根据各区域建筑特点及火灾危险性分析，制定具体的烟气控制策略，并采用性能化分析方法，论证排烟方案的有效性。在建筑的每一区域都应当考虑到对烟气进行控制的策略，并进行烟气控制的FDS论证，本部分选取环形观景厅作为范例进行具体说明。

环形观景厅按一个独立防烟分区设计，烟气控制策略如下：

（1）采用机械排烟系统，计算得出整个环形观景厅所需的机械排烟量为39 m³/s。

（2）共设8个机械排烟口，排烟口位于环形观景厅高位，沿顶部天花板均匀布置。

（3）系统采用机械补风，总补风量为31.2 m³/s，相当于排烟量的80%。

（4）根据室外风压增加风机静压，保证防烟排烟系统顺利排烟和取新风。

1. 设计火灾场景

塔顶环形观景厅设有大空间智能型主动喷水灭火系统,其余区域按规范要求设有自动喷水灭火系统。考虑环形观景厅仅供观光人群停留,实际上不存在固定可燃物,主要考虑下述两种火灾场景。

火灾场景1:火源位于F106层环形观景厅,考虑环形观景厅的喷淋系统失效,设计火灾规模为4 MW无喷淋控制火灾。

火灾场景2:火源位于F106层靠近环形观景厅回廊下方,设计火灾规模为1.5 MW喷淋控制火灾。

2. FDS烟气模拟结果分析

根据FDS模拟结果,设计火灾场景下,烟气蔓延至环形观景厅天花板区域后,逐渐向四面扩散,形成顶棚射流。150 s时机械排烟系统启动,烟气由排烟口排出,整个模拟过程中排烟系统持续工作,随着燃烧持续,烟气层高度不断下降并可以维持较高的清晰高度。

根据不同火灾场景模拟结果分析,环形观景厅烟气模拟分析结果总结如下:

(1)在模拟的20 min内,F106层楼板以上2.5 m范围内,空气清晰层温度除火源羽流外不超过60 ℃,在人体可接受的范围内,因此,温度对人员的疏散未造成威胁。

(2)模拟的20 min内,环形观景厅烟气层可始终保持在高位,楼板以上2.5 m高度范围内的能见度均不小于10 m。

(3)机械补风口补风风速均小于7 m/s,补风风速不会对人员疏散造成影响。

（4）在设计火灾场景下，环形观景厅区域环境可提供不小于20 min 的人体耐受时间，可用安全疏散时间 ASET 不小于 20 min。

3．STEPS 人员疏散模拟结果分析

根据上一部分疏散场景 1 的 STEPS 模拟结果，8 区各层人员全部疏散至楼梯间的疏散时间总结见表 8.23。

表 8.23　　　　　　　　　　楼梯间疏散时间　　　　　　（单位：s）

功能	楼层	疏散人数/人	探测时间	报警时间	疏散前沿时间	疏散行动时间		总疏散时间
						模拟结果	×1.5 安全系数	
塔顶观光区	108	280	70	10	120	70	105	305
	107	253	70	10	120	72	108	308
	106	940	100	10	120	161	241	471
	105	500	100	10	120	81	121	351
	104	780	100	10	120	129	193	423

另外，考虑不确定性影响因素，假设火灾情况下环形观景厅F106 层火源附近的 1 部疏散楼梯被堵（ST7）进而使用疏散电梯进行疏散，在疏散场景 1 下，8 区各层人员疏散模拟结果见表 8.24。

表 8.24　　　　　　　　　　8 层疏散模拟结果　　　　　　（单位：s）

功能	楼层	疏散人数/人	探测时间	报警时间	疏散前沿时间	模拟结果	总疏散时间
塔顶观光区	108	280	70	10	120	70	270
	107	253	70	10	120	75	275

功能	楼层	疏散人数/人	探测时间	报警时间	疏散前沿时间	模拟结果	总疏散时间
塔顶观光区	106	940	100	10	120	218	448
	105	500	100	10	120	73	303
	104	780	100	10	120	133	363

4. 模拟结果总结

结合烟气模拟结果，对塔顶环形观景厅设计火灾场景下的 ASET 和人员疏散所需的 RSET 模拟结果见表 8.25。

表 8.25 模拟结果

火灾场景	楼层	ASET	REST	是否安全	备注
火灾场景 1	106 ~ 108	> 1 200 s	461 s	安全	疏散场景 1
	106 ~ 108	> 1 200 s	450 s	安全	疏散场景 1 ST7 楼梯被堵
火灾场景 2	106 ~ 108	> 1 200 s	461 s	安全	疏散场景 1
	106 ~ 108	> 1 200 s	450 s	安全	疏散场景 1 ST7 楼梯被堵

从以上分析可以得出：

环形观景区按 1 个防火分区划分时，设计排烟方案能够提供有效的排烟效果，设计清晰高度以下的空间的能见度均可以维持在 10 m 以上，除火源外的空气层温度维持在 60 ℃以下，环形观景厅设计排烟方案能提供不小于 20 min 的人员安全疏散时间。

环形观景厅的人员疏散模拟考虑了极端不利疏散场景（疏散场景1），分别对F106层疏散楼梯畅通和1部疏散楼梯被堵的情况进行模拟分析，并在疏散行动时间上考虑了1.5倍安全系数及确定性因素的影响，分析结果ASET仍然大于RSET，且保留足够大的安全余量，因此，环形观景区在设计火灾场景下，烟气控制方案能够提供不小于人员疏散所需的疏散时间，可用疏散时间ASET大于RSET，满足性能化设计要求。

8.5 九小场所

"九小场所"是指消防安全重点单位以外的小学校（幼儿园）、小医院、小商店、小餐饮场所、小旅馆、小歌舞娱乐场所、小网吧、小美容洗浴场所、小生产加工企业等场所。这些场所由于消防管理不严、火灾隐患多、发生火灾后火势蔓延迅速、人员疏散困难等诸多因素，已经成为我国火灾高发地，并多次发生重特大火灾。

一、"九小场所"的火灾特点

"九小场所"发生火灾，因空间狭小、烟雾密集，易造成疏散困难，并形成大面积燃烧，在救援时水源缺乏，给灭火救援带来极大难度，危害极大。

1. 易燃可燃材料多，火势蔓延快

大多数"九小场所"内部装修使用大量易燃、可燃材料，场所内部可燃物多，火灾载荷大；防火间距不够，一旦发生火灾，燃烧速度快，迅速蔓延，极易形成大面积火灾。

2. 消防设施配备不足，火灾扑救难度大

大多数"九小场所"分布在背街小巷、城中村和城乡接合部，以及居民楼改造的建筑内，这些场所内部及附近缺乏市政消火栓，也没有自动消防设施，只配备一些灭火器、应急照明灯等器材，由于维修保养不及时，不能正常使用，一旦发生火灾，将产生大量浓烟和有毒气体，且消防车通道不畅，给灭火救援行动增加了难度。

3. 易造成人员伤亡

"九小场所"一般多为单层或多层，生产、储存、经营通常设置在建筑物的首层，员工宿舍则设在上层，更有直接将员工宿舍设置在生产、储存、经营场所内，是典型的"多合一"。特别是城乡接合部的小生产加工企业，胡乱堆放原料等易燃物品，在院落后面设置仓库和宿舍，这些场所一旦发生火灾会迅速形成火海，造成人员伤亡。

4. 建筑物耐火等级低，火灾时容易坍塌

"九小场所"建筑物的特点：第一是年久失修建筑多，第二是违章建筑多，第三是"厂中厂"的作坊多。一旦发生火灾，由于建筑的耐火等级较低，建筑在很短的时间内坍塌，导致人员伤亡。如2006年位于西安市等驾坡天马路两家海绵厂先后发生火灾事故，不到15 min钢结构石棉瓦房顶厂房坍塌，造成多人被埋的惨剧。

二、"九小场所"火灾应急疏散的特殊性

"九小场所"内存在着大量的消防安全隐患，主要体现在以下三点：

1. 所处建筑形式多样，安全保障差

"九小场所"多分布在沿街楼内，也有的是租赁废弃厂房，还

有的是利用民用住宅自行改建。很多这样的场所都未经消防审核、验收合格，里面装修、员工宿舍布置都存在着极大的消防隐患，一旦发生火灾，疏散人员将成为最棘手的困难。

2. 场内可燃物多，火灾载荷大

一些烧烤店、小饭店、小型旅馆、小型网吧、洗浴中心等内部往往可燃物多，火灾荷载大，一遇明火就起火燃烧。而且这些场所装饰装修往往大量采用木板、塑料板、纤维板、含有大量高分子化学材料、保温隔热材料等，这些材料遇火燃烧后产生大量有毒气体，发生火灾后，往往使在场人员来不及逃生而中毒死亡。

3. 人员集中，疏散难度大

一些小型百货商店、超市或小型日杂、五金批发门市内，经营业主们由于受到场所使用面积的限制，为了充分利用空间，有的商家将大量商品摆放在疏散走道或楼梯间，而过道又非常狭窄，仅能容一人通过，一旦发生火灾，往往导致人员疏散困难，极易造成人员伤亡。

三、"九小场所"相关标准规范

《建筑设计防火规范》

《建筑灭火器配置设计规范》

以上所列举的是"九小场所"在设计规划以及后期评估时经常使用到的标准规范，针对安全疏散加以详细说明。

"九小场所"应明确消防安全责任人和管理人，履行消防安全职责，落实自身消防安全管理；强化对从业人员的消防教育培训，掌握逃生自救常识和灭火器等基本消防设施的操作使用；自觉服从消防救援机构、辖区派出所、办事处、社区管理人员的消防安全管理，及时消除火灾隐患。具体场所应满足以下相关标准规范：

1．小学校（幼儿园）

（1）积极组织和参加消防培训，教职人员应会报火警、会疏散人员、会扑救初期火灾。

（2）每月对消防设施维护保养一次，确保完好有效。

（3）宿舍和教室等公共区域外窗不应安装影响人员逃生和应急救援的金属护栏。

（4）保证安全出口、疏散通道畅通，在学生、教师休息时间，不得将疏散通道、疏散楼梯或安全出口锁闭、封堵或占用。

（5）禁止在宿室内使用电炉、电熨斗等电气设备，不准私拉乱接电线。禁止在宿舍内使用蜡烛、蚊香等明火源。

（6）教育机构内部的厨房、液化石油气储存间、杂品库房、烧水间应与学生活动场所或学生用房分开设置。

2．小医院

（1）保障疏散通道畅通，夜间留宿人员不得超过2人。

（2）严禁乱拉乱接电线，严禁使用电炉、液化气炉、煤气炉、电水壶、酒精炉等非医疗电热器具，不得超负荷用电，严禁使用明火。

（3）不得大量储存易燃、可燃药品药剂。对易燃危险药品应限量存放，一般不得超过一天用量，存放的中草药药材应定期摊开，注意防潮，预防发生自燃。

3．小商店

（1）保障疏散通道畅通，夜间留宿人员不得超过2人。

（2）严禁乱拉乱接电线，严禁使用大功率电器，不得超负荷用电，严禁吸烟。

（3）严禁使用明火照明、取暖、做饭，禁止使用灌装液化石油气；餐饮、食品加工摊点等需动用明火的场所，必须设置在独立的防火分区内。

（4）严禁储存、销售易燃易爆物品。

（5）严禁经营、住宿于一体，商铺内展示、存放货品的面积不得超过商铺面积的70%，禁止在灯具下方0.5 m范围内摆放物品。

4．小餐饮场所

（1）保障疏散通道畅通，不得堵塞安全出口；不得在公共疏散通道上堆放杂物。

（2）对操作间排烟管道和排风扇等处的油污定期进行清理，保持清洁。

（3）每层配置4 kg ABC型干粉灭火器不少于2具、火灾事故应急照明灯不少于1具，可根据具体情况设置疏散指示标志，室内设置的消火栓应配齐水带、水枪。

（4）确保消防设施完好，严禁圈占、遮挡、擅自关闭消防设施。

5．小旅馆

（1）加强火源管理，严禁使用瓶装液化气。

（2）加强用电管理，电气线路应全部穿管保护或采取阻燃分隔措施，不私拉乱接电气线路和使用大功率电器。

（3）每层配置4 kg ABC型干粉灭火器不少于2具、火灾事故应急照明灯不少于1具，可根据具体情况设置疏散指示标志，室内设置的消火栓应配齐水带、水枪，消火栓、灭火器及自动消防设施应保持完好且不能遮挡或挪作他用。

（4）在醒目位置张贴"禁止吸烟"等警示性标识和"四个能力"等消防安全常识宣传标识。

（5）每个房间（包间）门后应设置消防疏散指示示意图，表明本层安全出口位置及灭火器材放置位置。

（6）严禁锁闭安全出口，严禁在楼梯、疏散通道、安全出口堆放杂物，严禁在门窗上设置影响逃生和灭火救援的障碍物。

6. 小歌舞娱乐场所

（1）小歌舞娱乐场所与周边建筑防火间距应符合国家标准或国家有关规定，场所内严禁设置办公室、休息室等，且不得贴邻建造。

（2）保障疏散通道畅通，夜间除值班人员外严禁人员留宿。

（3）严禁乱拉乱接电线，严禁使用大功率电器，不得超负荷用电，严禁使用明火。

（4）严禁超越审批范围、超期超量储存易燃易爆物品，严禁混存易燃易爆物品。

（5）配备灭火器、沙池等基本消防设施，具备条件的鼓励使用可燃气体检测和独立式火灾报警装置等设施。

（6）从业人员必须持证上岗，强化对从业人员的消防教育培训，严禁违章操作，掌握逃生自救常识和基本消防设施的操作使用。

7. 小网吧

（1）加强火源管理，严禁做饭和使用明火。

（2）加强用电管理，电气线路应全部穿管保护或采取阻燃分隔措施，不私拉乱接电气线路和使用大功率电器。

（3）可根据具体情况设置疏散指示标志，室内设置的消火栓应配齐水带、水枪。

（4）消火栓、灭火器及自动消防设施应保持完好且不能遮挡或挪作他用。

（5）在醒目位置张贴、悬挂"禁止吸烟"等警示标识和"四个能力"等消防安全常识宣传标识。

（6）除值班人员外，禁止无关人员留宿，严禁设置员工宿舍，严禁存放易燃易爆品。

（7）严禁锁闭安全出口，严禁在楼梯、疏散通道及安全出口堆放杂物，严禁在门窗上设置影响逃生和灭火救援的障碍物。

8．小美容洗浴场所

（1）加强火源管理，严禁使用瓶装液化气。

（2）加强用电管理，电气线路应全部穿管保护或采取阻燃分隔措施，不私拉乱接电气线路和使用大功率电器。

（3）每层配置4 kg ABC型干粉灭火器不少于2具、火灾事故应急照明灯不少于1具，可根据具体情况设置疏散指示标志，室内设置的消火栓应配齐水带、水枪。

（4）消火栓、灭火器及自动消防设施应保持完好且不能遮挡或挪作他用。

（5）在醒目位置张贴、悬挂"禁止吸烟"等警示标识和"四个能力"等消防安全常识宣传标识。

（6）严禁设置员工宿舍，严禁存放易燃易爆品。

（7）严禁锁闭安全出口，严禁在楼梯、疏散通道及安全出口堆放杂物，严禁在门窗上设置影响逃生和灭火救援的障碍物。

9．小生产加工企业

（1）积极组织和参加消防培训，会报火警、会疏散人员、会扑救初期火灾。

（2）每月对消防设施维护保养一次，确保完好有效。

（3）严禁锁闭安全出口，严禁在楼梯、疏散通道及安全出口堆放杂物，严禁在门窗上设置影响逃生和灭火救援的障碍物。

（4）车间、仓库内严禁设置员工宿舍；生产、储存、经营区与生活区应分开设置。

（5）危险部位应张贴禁烟、禁火等警示标志。

（6）加强用火用电管理，严禁擅用明火、私拉乱接电气线路。

（7）加强用电管理，规范电气线路敷设，电气线路应穿管保护，不私拉乱接电气线路和使用大功率电器。

（8）车间和仓库在生产结束后，应由专人负责切断电源、火源等，并做好记录。

8.6　大型商业综合体

大型商业综合体是近几年来在各大城市中出现的一种新型商业经营模式。它集购物、娱乐、餐饮等功能于一身，具有体量大、建筑面积大、人员密度高、储货量多等特点。

一、大型商业综合体火灾特点

1. 易形成大面积火灾

（1）综合体内百货商场往往陈设大量可燃易燃物品，防火分区内除了走道基本无其他分隔可燃物的设施，局部火灾极易蔓延扩大到整个防火分区。步行街内设有可燃物，容易使得火灾在不同商铺间大规模蔓延。

（2）大型商场和超市内经常使用防火卷帘进行防火分隔，其中很多卷帘跨度大、高度高、形状不规则，给后期维护和管理带来很大的难度，卷帘发生故障时，火灾会迅速向相邻的防火分区蔓延扩大。

（3）与商场毗邻的区域受到商场高温火焰和高温烟气强烈热辐射，或者气流形成的飞火，极易造成区域内可燃、易燃物品着火，造成火势扩大。

2. 易形成立体火灾

（1）大型商业综合体内部存在中庭、电缆井、燃气井、电梯井等竖直通道，这些通道在火灾中极易成为火灾烟气迅速向上蔓延的通道。

（2）大型商业综合体设计往往采用玻璃幕墙，玻璃幕墙在高温下极易破碎，一旦破碎，火焰在膨胀气流作用下向外喷，并沿着外墙向上蔓延，造成火灾的竖直扩大。

3. 易造成人员伤亡

（1）大型商场内存有大量棉、毛、化纤织物、塑料和橡胶制品等可燃、易燃物品，这些可燃易燃物燃烧会产生大量的有毒气体，严重危害人员的人身安全。

（2）大型商场人员众多，密度大，疏散所需的时间较多，难以在规定的时间内疏散完毕。

（3）火场中人员心理紧张，火场能见度低，疏散时极易出现惊慌、拥挤、踩踏等现象。

4. 灭火作战难度大

（1）大型商场多建于城市繁华地段，人流量大，交通拥挤，消防队往往很难到达火场。到达火场后，受地形和高空架物的影响，很难展开灭火救援行动。

（2）商场内人员多，火场中很难在短时间内将人员疏散完毕，而且消防梯、举高消防车等消防救生装备有限，滞留于火场中的人员很难被快速救援。

（3）商场火灾规模大，火灾产生大量高温烟气，对人体有强烈的热辐射，而且火场能见度低，严重阻碍消防人员内攻灭火和救援行动。

（4）大型商场火灾规模大，会迅速发展为立体火灾，消防灭火作业任务十分艰巨。

二、大型商业综合体火灾应急疏散的特殊性

1. 疏散距离长，路线多变

《高层民用建筑设计防火规范》中规定，营业厅内任何一点至最近的疏散出口的直线距离不宜超过 30 m。建筑设计中一般在商场的周边设置疏散楼梯，中部最不利地点至最近楼梯的直线距离往往超过 30 m，如果在货架之间通行，其折线距离更是大大超过 30 m。大型商业建筑的发展必然带来疏散距离超长的问题，而且为了适应经营的需要，营业厅内的柜台、货架的布置方式不断变化，必然会带来疏散路线多变的问题，这给疏散路线的确定和疏散指示标志的设置带来了困难。

2. 货架林立，阻挡物多，标志不明显，导向性差

从经营的目的来讲，商家主要意图是突出商场的卖场功能，故场内布置复杂，形如迷宫。一些大型超市内的钢质货架高且层数多，货架宽度6~8 m，长度在10~30 m之间，严重阻碍人们的视线，人员在货架行列中行走时容易迷失方向，难以确认疏散路线，更难看见安全出口。商场内的疏散标志是火灾环境中用于指引人员疏散的发光指示牌，经过实地调查发现很多商场和超市在吊顶上悬挂大量的广告牌或装饰彩板，颜色和尺寸都较疏散指示标志更为突出，严重影响视线，妨碍顾客辨认疏散指示标志，使商业建筑内出现疏散导向性差的特点。

3. 人员恐慌，易造成重大伤亡

火灾发生时，由于人员对火的恐惧心理，人们面对火灾时缺乏应付、摆脱灾变的力量或能力，会感到自己的生命受到严重威胁。这种焦虑和恐惧致使人员心情紧张，逃生急迫，行为不能自控，失去理性判断和思考，丧失理智，出现跳楼逃生等危险行为。人员密集的公共场所则可能发生"对撞"和混乱拥挤，延误疏散时机，造成挤倒或踩踏伤亡，还可能导致疏散通道和安全出口混乱，势必造成疏散通道堵塞，从而加重人员的伤亡，最终造成群死群伤事故。

4. 安全管理不到位，疏散通道不畅通

安全管理是保证消防设备正常运转，保证顾客安全的重要因素。火灾发生后首先要由工作人员进行确认，在统一指挥之下，训练有素的安全人员要负责引导顾客进行疏散。但很多大型商业建筑内的管理层和员工素质参差不齐，消防管理制度不健全，防

火责任制不落实，缺乏针对性的训练，火灾时很难起到应有的作用。

三、大型商业综合体相关标准规范

《建筑设计防火规范》

《商店建筑设计规范》

《大型商业综合体消防安全管理规则（试行）》

以上所列举的是大型商业综合体在设计规划以及后期评估时经常使用到的标准规范，针对大型商业综合体安全疏散部分情况加以说明。

大型商业综合体的疏散通道、安全出口管理应符合下列要求：

（1）疏散通道、安全出口应当保持畅通，禁止堆放物品、锁闭出口、设置障碍物。

（2）常用疏散通道、货物运送通道、安全出口处的疏散门采用常开式防火门时，应当确保在发生火灾时自动关闭并反馈信号。

（3）常闭式防火门应当保持常闭，门上应当有正确启闭状态的标识，闭门器、顺序器应当完好有效。

（4）商业营业厅、观众厅、礼堂等安全出口、疏散门不得设置门槛和其他影响疏散的障碍物，且在门口内外 1.4 m 范围内不得设置台阶。

（5）疏散门、疏散通道及其尽端墙面上不得有镜面反光类材料遮挡、误导人员视线等影响人员安全疏散行动的装饰物，疏散通道上空不得悬挂可能遮挡人员视线的物体及其他可燃物，疏散通道侧墙和顶部不得设置影响疏散的凸出装饰物。

四、消防设计与应用

某商业综合体建设方因商业规划需要，对原设计方案进行了调整，为解决此大型商业综合体的疏散逃生问题，针对局部调整进行消防设计。下面引用国家消防工程技术研究中心某万达广场设计变更补充分析报告，对大型商业综合体的消防设计工程应急逃生及疏散相关设计进行说明。

1. 变更情况

建设方因商业规划需要，对原设计方案进行了调整，主要调整内容如下：

首层主要变更内容：①部分室外街商铺合并至室内街步行街店铺；②明确了百货区商铺的平面布置；③临室内街精品商铺进行重新划分；④增加了四组剪刀楼梯。

二层主要变更内容：①与首层联铺的二层室外街商铺取消，面积合并至室内街步行街店铺；②主力店面积变化，但均不大于4 000 m²；③临室内街精品商铺进行重新划分；④二层的电器卖场功能改为百货卖场；⑤增加了4组剪刀楼梯。

2. 设定火灾场景下火灾烟气运动模拟分析

（1）火源位置。在设计火灾场景时，应设定火源在建筑物内的位置，考虑建筑的空间几何特征。本报告旨在对步行街中庭、影院观众厅内的烟控系统和人员疏散设施有效性进行分析和评估。因此，在确定火源位置时，应考虑火灾可能的规模、建筑内各功能区域的空间特点、疏散出口分布、起火楼层以及烟控措施等因素。综合以上因素，本报告设置了3个火源位置，编号

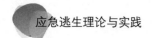

如下：

火源位置 A：火灾位于首层椭圆形中庭下（见图 8.7），为中庭内临时布置装饰物、高级沙发座椅或顾客随身携带行李发生火灾，主要考虑火灾对人员疏散的影响及中庭烟控措施的有效性。

火源位置 B：火灾位于首层的精品店内（见图 8.7），为各类日用品、服装类商品发生火灾，主要考虑室内步行街沿街商铺着火对中庭的影响及中庭烟控措施的有效性。

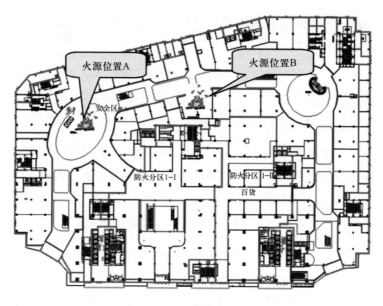

图 8.7　首层火源位置示意图

火源位置 C：火灾位于二层的精品店内（见图 8.8），为各类日用品、服装类商品发生火灾，主要考虑室内步行街沿街商铺着火对中庭的影响及中庭烟控措施的有效性。

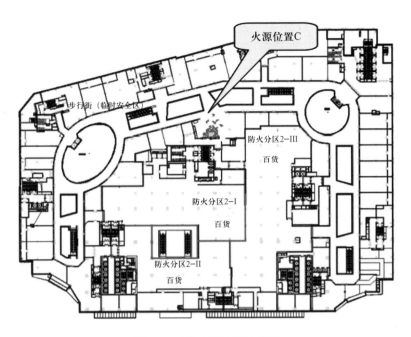

图 8.8　二层火源位置示意图

（2）设定火灾场景。确定设定火灾场景是指在建筑物消防安全性能评估分析中，针对设定的消防安全目标，综合考虑火灾的可能性与潜在的后果，从可能的火灾场景中选择出供分析的火灾场景。应根据最不利的原则确定设定火灾场景，选择火灾风险性较大的火灾场景作为设定火灾场景。

表 8.26 给出了英国《建筑消防安全工程应用指南》对于不同消防设施失效概率的相关统计数据。对于消防人员干预灭火的成功概率，国内外并无相关统计数据可参考，本报告理想地认为消防人员对火灾的抑制成功概率为 100%，即一旦消防人员开始展开扑救，火灾便可得到有效抑制，不再扩大。

表 8.26 消防系统失效概率

系统类型	失效概率
自动喷淋灭火系统	0.05
防烟排烟系统（机械）	0.10
防烟排烟系统（自然）	0.10

图 8.9 为火灾发生过程的事件树。从图中可看出，发生火灾后，自动喷水灭火系统和防烟排烟系统同时生效的事件概率最大，为 0.855；喷水灭火系统生效而排烟系统失效的事件概率为 0.095；喷水灭火系统失效而排烟系统生效的事件概率为 0.045；自动喷水灭火系统和防烟排烟系统同时失效的事件概率最小 0.005。自动喷水灭火系统和防烟排烟系统同时失效时带来的火灾损失是最严重的。因此，在设置火灾场景时，应关注自动喷水灭火系统和防烟排烟系统同时生效（概率最大）或失效（损失最严重）的火灾事件。

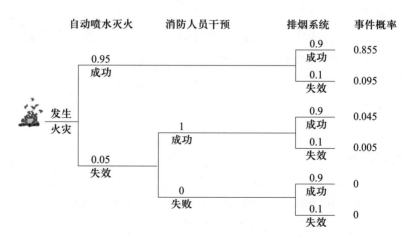

图 8.9 火灾事件树

基于以上分析，本报告选定 3 组共 10 个设定火灾场景进行模拟计算，见表 8.27。

表 8.27 火灾场景分析汇总

火源位置		设定火灾场景	自动灭火系统	机械排烟系统	分析目标
中庭	A	A11	有效	有效	步行街作为临时安全区的可行性
		A01	失效	有效	
		A10	有效	失效	
精品店	B	B11	有效	有效	火灾和烟气的蔓延及人员疏散的安全性
		B01	失效	有效	
		B10	有效	失效	
		B00	失效	失效	
精品店	C	C11	有效	有效	火灾和烟气的蔓延及人员疏散的安全性
		C01	失效	有效	
		C10	有效	失效	

（3）疏散场景。疏散场景的设计总体原则为，找出火灾发生后最不利于人员安全疏散的情况。根据设定火灾场景，确定如下疏散场景，见表 8.28。

表 8.28 设定疏散场景

疏散场景	火灾场景	疏散人数／人	疏散通道情况
1	A11、A01、A10 B11、B01、B10、B00	35 129	各区内的人员正常疏散，无疏散出口、疏散通道堵塞

疏散场景	火灾场景	疏散人数 / 人	疏散通道情况
2	C11、C01、C10	35 129	邻近着火商铺附近的步行街通道不能用于人员疏散

通过火灾模拟利用烟气模拟软件 FDS 对设定火灾场景下火灾烟气运动的模拟分析，可得到火灾中各项影响人员安全疏散的主要参数值，见表 8.29。

表 8.29   **设定火灾场景下烟气运动模拟结果**

设定火灾场景		危险来临时间 /s	
火源位置	编号	二层	一层
步行街中庭	A11	1 800	1 800
	A01	1 800	1 800
	A10	1 800	1 800
首层沿街商铺	B11	1 800	1 800
	B01	815	1 800
	B10	1 800	1 800
	B00	790	1 080
二层沿街商铺	C11	1 800	1 800
	C01	1 459	1 800
	C10	1 800	1 800

经模拟分析，可得如下结论：

1）因带有中庭的室内步行街体量较大，自身具有较大的蓄烟纳热能力，即使在中庭本身发生火灾，中庭灭火系统失效或步行街两侧精品店发生火灾，店内排烟系统失效，面向步行街一侧钢化玻璃分隔完整性受到破坏的条件下，室内步行街仍能在较长时间维持安全的疏散环境，可保证火灾初期人员的疏散安全。

2）在自动喷水灭火系统和机械排烟系统均有效动作的情况下，当步行街两侧精品店发生火灾时，步行街内的人员可用疏散时间 T ASET 不低于 1 800 s，可保证火灾初期人员的疏散安全。当排烟系统或自动喷灭火系统水失效时，人员可用疏散时间较少。

（4）确定疏散相关参数

1）疏散人数。合理的人员疏散研究建立在较准确的人员荷载统计基础之上，性能化分析中使用的人员荷载应参照现行规范，根据不同建筑的使用功能，分别按照密度或建筑设计容量进行选取。该建筑主使用功能为商业，地上部分按《建筑设计防水规范》5.5.21 条规定计算出的各商业区域人数。影城按规定座位数确定疏散人数，并按单个最大影厅的人数确定候场人数，计算该商业综合体疏散总人数为 35 129 人。

2）人员行走速度。根据现有设计资料，影院内观众区的人员密度约为 2.9 人 /m^2，人员水平疏散速度确定为 0.4 m/s，其他区域的人员疏散速度确定为 1.0 m/s。

3）必须疏散时间 T_{RSET}。火灾发生之后，除火源附近区域的人员外，其他人员一般情况下不会马上开始疏散。根据研究，人员的疏散时间一般包括几段离散的时间间隔，大致可简化为报警时间、响应时间和疏散行走时间三个阶段，可用公式（8.1）表示：

$$T_{RSET} = T_A + T_R + T_M \qquad (8.1)$$

式中 T_A——报警时间，s；

T_R——响应时间，s；

T_M——疏散行走时间，s。

一般情况下，T_M 即为软件模拟所得的时间。由于在实际疏散过程中，还存在一些不利于人员疏散的不确定性因素，如人员对建筑物的熟悉程度、人员的警惕性和觉悟能力、人体的行为活动能力、消防安全疏散指示设施情况和模拟软件的准确性等，因此，有必要对行走时间考虑一定的安全补偿。本工程体量较大，人员视野较为开阔，且基本都处于清醒状态，将人员疏散安全系数取为 1.5。因此，T_{RSET} 的计算公式可表达为：

$$T_{RSET}=T_A+T_R+1.5 \times T_M \qquad （8.2）$$

报警时间 T_A：本项目中设有火灾自动报警系统，能够对火灾起到很好的监控作用。考虑到影厅内的人员均处于清醒状态，本报告将着火影厅内的报警时间 T_A 确定为 30 s，将非着火区域的报警时间 T_A 确定为 60 s。

人员响应时间 T_R：表 8.30 是根据经验总结出的各种用途的建筑物采用不同火灾报警系统时的人员响应时间。

表 8.30　各种用途的建筑物采用不同火灾报警系统时的人员响应时间

建筑物用途及特性	响应时间 /min		
	报警系统类型		
	W_1	W_2	W_3
办公楼、商业或工业厂房、学校（建筑内的人员处于清醒状态，熟悉建筑物及其报警系统和疏散措施）	< 1	3	> 4
商店、展览馆、博物馆、休闲中心等（建筑内的人员处于清醒状态，不熟悉建筑物、报警系统和疏散措施）	< 2	3	> 6

续表

建筑物用途及特性	响应时间 /min		
	报警系统类型		
	W_1	W_2	W_3
旅馆或寄宿学校（建筑内的人员可能处于睡眠状态，但熟悉建筑物、报警系统和疏散措施）	< 2	4	> 5
旅馆、公寓（建筑内的人员可能处于睡眠状态，不熟悉建筑物、报警系统和疏散措施）	< 2	4	> 6
医院、疗养院及其他社会公共福利设施（有相当数量的人员需要帮助）	< 2	5	> 8

注：W_1——实况转播指示，采用声音广播系统，例如，闭路电视设施的控制室；

　　W_2——非直播（预录）声音系统、视觉信息警告播放；

　　W_3——采用警铃、警笛或其他类似报警装置的报警系统。

建筑内设置有火灾应急广播系统，考虑到影厅内人员可直接感知火灾的发生，无须等到应急广播的通知，即会开始疏散。因此，本报告将着火影厅内的人员响应时间确定为 60 s，将非着火区域内的人员响应时间确定为 120 s。

疏散行走时间 T_M：将模拟计算的疏散行走时间乘以 1.5 倍安全系数加上报警时间和响应时间，最后可得到各场景的疏散时间 T_{RSET}，各场景的疏散计算结果见表 8.31。

表 8.31　　　　　各疏散场景的必须疏散时间 T_{REST}　　　　（单位：s）

疏散场景	报警时间 T_A	响应时间 T_R	行动时间 T_M		疏散时间 T_{RSET}
1	60	120	二层	433	905
			一层	890	1 533

297

疏散场景	报警时间 T_A	响应时间 T_R	行动时间 T_M		疏散时间 T_{RSET}
2	60	120	二层	433	842
			一层	890	1 527
3	60	130	着火影厅	148	255

4）安全疏散判定。通过对人员的疏散模拟分析，并与火灾烟气模拟计算结果进行对比，可以得到如下结论：

在自动喷水灭火系统和机械排烟系统均有效的情况下，步行街中庭或两侧精品店发生火灾时，各层人员可安全疏散。

在自动喷水灭火系统和机械排烟系统均有效的情况下，IMAX影厅内发生火灾时，影城内的人员能安全疏散；若灭火系统失效，影城内的人员安全疏散存在困难。

3．建议措施

将步行街设计为临时安全区的建议（中庭和步行街环廊形成的公共区域定义为"临时安全区"）：

（1）将步行街两侧商铺分隔为以精品店为主，精品店的面积不宜大于 300 m²。

（2）精品店之间用耐火极限不低于 2.00 h 的实体墙分隔。

（3）主力店、百货商场等其他商业空间，采用防火墙、特级防火卷帘、甲级防火门进行分隔，防火卷帘和甲级防火门的总长度不大于 10 m。

（4）一、二、三层步行街两侧精品店，采用厚度不低于

12 mm 的钢化玻璃与步行街进行分隔，并在商铺内侧设自动喷水冷却系统保护此玻璃。

（5）商铺、辅助用房等开向室内步行街公共区的门在火灾时应能自动关闭。建议采用带电磁门吸的双向弹簧门（不带定位器），平时采用电磁门吸使之常开，火灾时报警系统切断电源，使门自动关闭，关闭后能从两侧手动开启并再自动关闭。

（6）精品店内均设置感烟探测报警系统、自动喷水灭火系统以及机械排烟系统，其自动喷水灭火系统采用快速响应喷头；机械排烟系统，按不大于 500 m² 划分防烟分区，排烟量按 60 m³/（h·m²）计算确定。

（7）室内步行街走道上不放置任何固定可燃物。

（8）步行街内每隔 30 m 设置室内消火栓和消防软管卷盘。

（9）步行街环廊内设置自动灭火系统、火灾探测器、消防应急照明、疏散指示标志和消防应急广播系统。

（10）在步行街顶部设机械排烟系统，按每小时 6 次换气次数确定排烟量为 72×10^4 m³/h。

（11）室内步行街的装修选材采用不燃材料，电气线路使用低烟无卤阻燃型电缆。

（12）室内步行街和两侧防火单元的机械排烟系统独立设计。

（13）首层不能直通室外的疏散楼梯至室内步行街的走道两侧墙体耐火极限不得低于 1 h，通向室内步行街的门应采用乙级防火门。

（14）消防作业面一侧的外墙，每层均应设置可供消防救援人员进入的窗口，窗口的净尺寸不得小于 0.8 m × 1.0 m，窗口下沿距室内地面不宜大于 1.2 m，窗口的玻璃应易于破碎，并应设置可在室外识别的明显标志。

8.7 物流仓储中心

仓储物流在现代物流中占据着无可替代的地位，它是整个物流行业的中心，是所有物流商家进行规划的中心。自动化仓库不仅取代了人力和烦琐的作业程序，而且能更准确、迅速地传送物品信息功能，提高了企业的生产效率和自动化程度，因此，它在现代物流中起着非常重要的作用。

一、物流仓储中心火灾特点

仓库作为仓储的主要载体，是整个仓储活动的主要场所，当前物流仓库火灾特点表现在以下几个方面：

（1）一旦发生火灾极易扩散，热量易积聚。一般仓库建筑高度比较高，面积比较大，货物堆积很容易导致火灾的扩散。另外，由于空间相对封闭，热量不易散失，加剧了火势的蔓延。

（2）仓库管理不规范，起火因素多。很多厂商为了压缩成本，占用了消防通道、人行道。甚至安排仓库人员直接居住在仓库内，仓库内乱接电线、做饭等容易引发火灾。

（3）经济损失大，扑救难度大。当货架内部的某一个部位发生火灾时，物资抢救困难。同时，由于仓库内部货架林立、纵横交错，消防人员从仓库正面敞开部分接近火场很困难，射进去的水流会被货架和货物阻挡不能直接作用在燃烧物品上。如果要从外部扑救火灾，需要临时破拆，火灾扑救十分困难。

（4）钢结构易变形坍塌。对于仓储中心及货架全部为钢架结构的仓库，耐火时间短。钢材的耐火时间一般是 15 min，在发生火灾时，如果扑救不及时，就会造成货架大面积坍塌。

二、物流仓储中心应急疏散的特殊性

（1）存储区内设置连续货架，一旦发生火灾，烟雾弥漫，很难找到起火点。由于物流配送需要一定数量的人手对货物重新按需要进行分拆、包装，用电设备密集，工作时间内包装废料堆放混乱，货架高大密集，疏散困难。

（2）有的物流库布置时整理、分拣区域面积不足，进出货物时容易出现物品堆垛阻塞疏散通道或妨碍消防器材使用的情况，给消防安全管理带来不利影响。

（3）对于自动化立体库来说，虽然自动化程度高，但仍然需要人员进行人工维护、操控，发生火灾时存在防火分区大、建筑高度较高，且多数仓库各疏散出口靠近外墙设置，最不利点疏散距离较长。

三、物流仓储园区相关标准规范

《建筑设计防火规范》

《建筑防烟排烟系统技术标准》

《自动喷水灭火系统设计规范》

《建筑灭火器配置设计规范》

《消防给水及消火栓系统技术规范》

《消防应急照明和疏散指示系统技术标准》

《火灾自动报警系统设计规范》

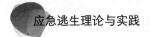

《供配电系统设计规范》

《物流建筑设计规范》（GB 51157—2016）

以上所列举的是物流仓储园区在设计规划以及后期评估时经常使用到的标准规范，针对防火保护和室外疏散楼梯的设计加以详细说明。

1．钢结构防火保护

根据《建筑设计防火规范》第 3.2.7 条规定，高架仓库、高层仓库、甲类仓库、多层乙类仓库和储存可燃液体的多层丙类仓库，其耐火等级不应低于二级。

根据《建筑钢结构防火技术规范》（GB 51249—2017）第 3.1.2 条规定，钢结构构件的耐火极限经验算低于设计耐火极限时，应采取防火保护措施。根据该规范第 4.1.2 条规定，钢结构的防火保护可采用下列措施之一或其中几种的复（组）合：

（1）喷涂（抹涂）防火涂料。

（2）包覆防火板。

（3）包覆柔性毡状隔热材料。

（4）外包混凝土、金属网抹砂浆或砌筑砌体。

2．室外疏散楼梯的设计

根据《建筑设计防火规范》第 6.4.5 条规定，室外疏散楼梯应符合下列规定：

（1）栏杆扶手的高度不应小于 1.1 m，楼梯的净宽度不应小于 0.9 m。

（2）倾斜角度不应大于 45°。

（3）梯段和平台均应采用不燃材料制作。平台的耐火极限不应低于 1 h，梯段的耐火极限不应低于 0.25 h。

（4）通向室外楼梯的门应采用乙级防火门，并应向外开启。

（5）除疏散门外，楼梯周围 2 m 内的墙面上不应设置门、窗、洞口。疏散门不应正对梯段。

四、消防设计应用

由于物流仓储中心用途的特殊性，有许多建筑无法直接套用现有标准规范，有些设计必须根据具体情况进行特殊的消防设计，下面引用四川法斯特消防安全性能评估有限公司对某库架一体无人全自动立体仓库特殊消防设计进行说明。

（一）存在的消防问题

该库架一体全自动立体仓库使用性质比较特殊，国内尚未出台专门针对库架一体仓库的消防规范标准。按照美国《财产防损数据册》（FM 标准）的相关消防要求进行设计与国内现行规范标准进行设计存在差异，在消防设计过程中存在钢结构的防火保护、防火分区面积等设计难点。

针对该仓库存在的消防设计难题，从以下几个方面提出加强措施以提高疏散能力。

1. 疏散设计

该立体库防火分区较大、建筑高度较高，且各疏散出口只能靠近外墙设置，制定以下措施提高人员疏散过程中的安全性。

（1）该仓库在北侧设置 3 个 1 m 宽的疏散出口，南侧设置 2 个 1.5 m 宽的疏散出口。

（2）为提高人员疏散过程中的安全性，在 19.6 m 标高处设置逃生通道，并在建筑物四角设置室外疏散楼梯，如图 8.10 所示，供维修人员在紧急情况下疏散。

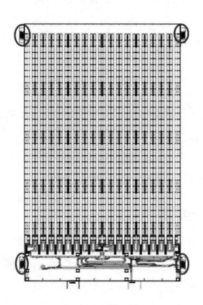

图 8.10　室外疏散楼梯设计示意图

2. 排烟系统设计

采用机械排烟系统，通过设置在屋面的屋顶式排烟风机进行机械排烟，共划分 6 个防烟分区，每个防烟分区的面积不超过 2 000 m²。

3. 灭火系统设计

（1）本项目自动喷水灭火系统的火灾延续时间按照更为严格的国内规范设计为 2 h，喷头则按照 FM 标准选择大流量喷头进行设计。

（2）比较国内规范与 FM 标准要求，该项目按照更加严格的 FM 标准、加密喷头的数量，在每一个横向通透空间、横向通透空间之间的中点安装货架内喷头。

（3）对于传送带区，在 24 m 吊顶及检修平台下方设置喷淋，以保护传送带上的货物。

（二）疏散模拟

1. 火灾场景确定

通过不利火灾场景的设置，验证当火灾发生时，人员安全疏散是否得到保障。选取典型具体火灾场景设置见表 8.32。

表 8.32　　　　　　　　火灾场景设置情况表

火灾场景	起火点	火灾类型	排烟系统	灭火系统	考察内容
A	分拣区域 19.60 m		有效	失效	烟气蔓延
B	分拣区 0.00 m		有效	失效	
C	货架区域 0.00 m	仓库火灾	有效	有效	
D1	货架区域		有效	失效	环境温度影响及货架钢结构热辐射的影响
D2	货架区域		有效	有效	
D3	货架区域		有效	有效	

（1）火灾场景 A、B、C 起火点如图 8.11 所示，火灾场景 D 起火点如图 8.12 所示。

（2）火灾场景 D 灭火系统为货架内置喷头，D2 喷头按照国内标准规范布置，如图 8.13a 所示，D3 喷头按照《财产防损数据册》布置，如图 8.13b 所示。

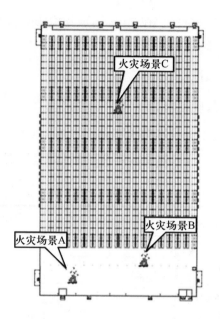

图 8.11　A、B、C 起火点示意图

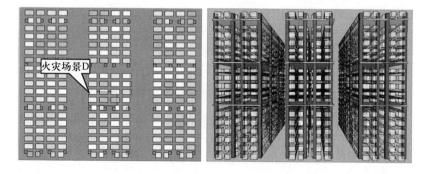

图 8.12　D 起火点示意图

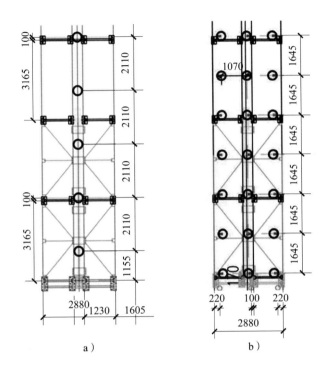

图 8.13　喷头水平布置示意图

a）国内规范设计　b）按 FM 标准要求设计

2. 疏散场景确定

疏散场景设置见表 8.33。

表 8.33　　　　　　　　　疏散场景设置表

序号	疏散路径	备注
疏散场景 1	仓库内的专业维修人员通过地面的 5 个疏散出口至室外	高货架区有人
疏散场景 2	仓库内的专业维修人员通过地面的 5 个疏散出口及室外疏散楼梯疏散至室外	高货架区有人

序号	疏散路径	备注
疏散场景 3	仓库内的专业维修人员通过地面的 5 个疏散出口及室外疏散楼梯疏散至室外	高货架区无人

3. 模拟结果

（1）分拣区域火灾分析

1）运用 FDS 软件对火灾场景 A 的烟流模拟量化分析结果如下：

整个烟气模拟过程（1 800 s），仓库内烟气层最高温度约为 85 ℃，未超过 180 ℃ 的临界值；人员行进空间内温度则在整个模拟过程中最高为 28 ℃，也不会威胁到人员疏散安全。

19.6 m 标高检修平台 CO_2 和 CO 浓度分别在火灾模拟结束时最高达到 0.1% 和 220×10^{-6}，0 m 标高 CO_2 和 CO 浓度分别在火灾模拟结束时最高达到 0.043% 和 45×10^{-6}，均在人员可耐受范围之内。

能见度方面，整个模拟过程中，0 m 标高地面上方 5.9 m 处的能见度在 30 m 左右，人员疏散安全不会受到火灾影响。模拟至 1 556 s 时，19.6 m 检修平台上方 2 m 处的能见度降到 10 m，人员疏散安全会受到火灾影响。

由烟气和疏散模拟结果的对比，仓库内发生火灾时人员疏散安全余量不低于 1 382 s。

该计算对象火灾模拟结果见表 8.34。

表 8.34 　　　　　**模拟结果统计表（火灾场景 A）**　　　（单位：s）

达到人体耐受极限判据	0.0 m 标高	检修平台
上层烟气温度达到 180 ℃时间	＞ 1 800	＞ 1 800
下层烟气温度达到 60 ℃时间	＞ 1 800	＞ 1 800
最小清晰高度处的 CO_2 浓度达到 1% 的时间	＞ 1 800	＞ 1 800
最小清晰高度处的 CO 浓度达到 500×10^{-6} 的时间	＞ 1 800	＞ 1 800
最小清晰高度处能见度下降到 10 m 时间	＞ 1 800	＞ 1 800
火灾发展到致使环境条件达到人体耐受极限的时间（ASET）	＞ 1 800	＞ 1 800
从火灾发生到人员疏散到安全地点所用时间（RSET）	246	174
安全余量时间	＞ 1 554	1 382

由模拟结果可知，人员均能安全进行疏散，且具有一定的安全余量。

2）运用 FDS 软件对火灾场景 B 的烟流模拟量化分析结果如下：

该计算对象火灾模拟结果见表 8.35。

表 8.35 　　　　　**模拟结果统计表（火灾场景 B）**　　　（单位：s）

达到人体耐受极限判据	0.0 m 标高	检修平台
上层烟气温度达到 180 ℃时间	＞ 1 800	＞ 1 800
下层烟气温度达到 60 ℃时间	＞ 1 800	＞ 1 800
最小清晰高度处的 CO_2 浓度达到 1% 的时间	＞ 1 800	＞ 1 800
最小清晰高度处的 CO 浓度达到 500×10^{-6} 的时间	＞ 1 800	＞ 1 800

达到人体耐受极限判据	0.0 m 标高	检修平台
最小清晰高度处能见度下降到 10 m 时间	＞1 800	1 243
火灾发展到致使环境条件达到人体耐受极限的时间（ASET）	＞1 800	1 243
从火灾发生到人员疏散到安全地点所用时间（RSET）	246	174
安全余量时间	＞1 554	1 069

由模拟结果可知，人员均能进行安全疏散，且具有一定的安全余量。

（2）货架区域火灾分析

1）运用 FDS 软件对火灾场景 C 的烟流模拟量化分析结果如下：

该计算对象火灾模拟结果见表 8.36。

表 8.36　　　　模拟结果统计表（火灾场景 C）　　　（单位：s）

达到人体耐受极限判据	0.0 m 标高	检修平台
上层烟气温度达到 180 ℃时间	＞1 800	＞1 800
下层烟气温度达到 60 ℃时间	＞1 800	＞1 800
最小清晰高度处的 CO_2 浓度达到 1% 的时间	＞1 800	＞1 800
最小清晰高度处的 CO 浓度达到 500×10^{-6} 的时间	＞1 800	＞1 800
最小清晰高度处能见度下降到 10 m 时间	1 628	770
火灾发展到致使环境条件达到人体耐受极限的时间（ASET）	1 628	770

达到人体耐受极限判据	0.0 m 标高	检修平台
从火灾发生到人员疏散到安全地点所用时间（RSET）	246	174
安全余量时间	1 382	596

分析火灾场景 C 的模拟结果可知，在灭火系统和排烟系统都失效的情况下，模拟至 770 s 时 19.6 m 检修平台上方 2 m 处的能见度降到 10 m，1 628 s 时地面上方 5.9 m 处的能见度下降到 10 m，达到人体耐受极限；19.6 m 检修平台上方 2 m 处的 CO 浓度在火灾模拟结束时最高达到 420×10^{-6}，接近人体耐受极限。因此，必须加强消防设施设备的维护保养，保证灭火系统、排烟系统有效运行。

2）货架区域火灾喷淋作用分析。运用 FDS 软件对火灾场景 D 的烟流模拟量化分析结果如下：

火灾场景 D_1，整个烟气模拟过程（1 800 s），邻近起火货架的通道内烟气最高温度在 405 ℃左右。

火灾场景 D_2，整个烟气模拟过程（1 800 s），邻近起火点通道内烟气最高温度在 265 ℃左右。

火灾场景 D_3，整个烟气模拟过程（1 800 s），邻近起火点通道内烟气最高温度在 160 ℃左右。

火灾场景 D_1、D_2、D_3，整个烟气模拟过程（1 800 s），距离起火点最近的立柱附近火场温度见表8.37。

表 8.37   模拟结果统计表（火灾场景 D）

模拟时间 /s	距离起火点最近的立柱附近火场温度 /℃		
	场景 D_1	场景 D_2	场景 D_3
100	155	140	120
200	550	445	270
300	800	670	470
600	900	760	660
900	910	770	660
1 800	920	800	660

对比分析火灾场景 D_1、D_2、D_3 的模拟结果可知，货架内喷头动作后，货架立柱附近火场温度和邻近起火货架通道的温度均有明显下降，且火灾场景 D_3 中温度下降更加显著，货架内喷头的设置对于货架结构起到一定的保护作用。

各疏散场景疏散所需时间 REST 见表 8.38。

表 8.38   疏散时间统计表   （单位：s）

疏散场景	报警时间 T_d	预动作时间 T_{pre}	疏散行动时间 T_t	$T_t \times 1.5$	疏散时间 REST
1			164	246	366
2	60	60	125	188	308
3			84	126	246

（三）建议措施

（1）从火灾场景 A、B、C 的模拟结果可以看出，尽管在自动灭火系统和排烟系统均失效的情况下有一定的安全余量时间，但是相比较消防系统均正常的情况下，安全余量时间必然会缩短。因此，必须加强消防设施设备的维护保养，保证灭火系统、排烟系统有效运行。

（2）从火灾场景 D 的模拟结果可知，货架内喷头动作后，货架立柱附近火场温度和邻近起火货架通道的温度均有显著下降，货架内喷头的设置对于货架结构起到一定的保护作用。

（3）在设置了室外疏散楼梯的情况下，人员疏散时间由 366 s 减少到 308 s，有效地提高了人员疏散效率。

综上所述，现有的消防设计可行、优化后的疏散设计方案更有利于人员安全疏散。

参考文献

［1］北京市市政工程设计研究总院有限公司，北京建筑大学，中国建筑科学研究院有限公司．综合管廊北京市科技计划科技报告［R］．

［2］建研防火设计性能化评估中心有限公司．京石客专引入北京西站站房改造工程消防性能化设计评估报告［R］．

［3］北京市消防科学研究所．北京积水潭医院地下车库工程火灾风险评估报告［R］．

［4］华优建筑设计院有限责任公司．中华西路人防地下商业广场防火设计专篇评估报告［R］．

［5］上海倍安实业有限公司．新建铁路北京至沈阳客运专线某火车站站房工程特殊消防设计安全评估报告［R］．

［6］奥雅纳工程咨询（上海）有限公司北京分公司消防安全部．旅客航站楼及综合换乘中心工程消防安全性能化设计报告［R］．

［7］中国建筑科学研究院建筑防火研究所．北京新机场航站区工程航站楼消防性能化设计复核报告［R］．

［8］中国建筑科学研究院建筑防火研究所．北京密云古北水镇国际旅游度假区消防安全评估报告［R］．

［9］奥雅纳工程咨询（上海）有限公司北京分公司消防安全部．

北京市朝阳区 Z15 地块项目消防性能化分析报告［R］.

［10］国家消防工程技术研究中心．长沙开福万达广场设计变更补充分析报告［R］.

［11］四川法斯特消防安全性能评估有限公司．耐克扩建库架一体无人全自动立体仓库项目特殊消防设计分析报告［R］.

9　应急逃生行业前景及需求分析

9.1　市场规模分析

应急产业一般指为预防、处置突发事件提供产品和服务而形成的活动的集合，应急逃生属于应急产业的一个组成部分。2014年12月，国务院办公厅发布《关于加快应急产业发展的意见》中指出"发展应急产业是提高公共安全基础水平的迫切要求，是培育新的经济增长点的重要内容，是提升应急技术装备核心竞争力的重要途径"，并对加快发展应急产业提出了具体要求和目标。

未来几年，在政策支持、城镇化率不断提高和全国固定资产投资高位运行等因素的共同促进下，应急逃生行业将快速发展。作为国民经济和社会稳定发展的重要保障，应急逃生行业市场容量巨大，具有良好的发展前景。

2017—2020 年我国应急逃生产业市场规模如图 9.1 所示。

图 9.1　2017—2020 年我国应急逃生产业市场规模

应急逃生产品主要包括紧急电话、应急广播、应急照明与疏散指示、物联网平台等，如图 9.2 所示。

从各细分市场来看，在应急照明市场上，企业数量众多，竞争较为激烈。紧急电话和应急广播经过多年发展，目前市场比较规范，具备了一定的技术研发水平。随着相关标准的不断完善和应急疏散与逃生战略的推进，未来具有巨大的增长潜力，均有望成为应急逃生行业重要的增长点。

9.2　经济效益分析

发展应急逃生产业是保障公共安全和推动经济稳定增长的重大举措，具有十分重要的战略地位。应急逃生产业是为突发事件的应急处置提供专用产品和服务的产业，具有覆盖面广、产业链长的特点，基本涵盖了消防产业、安防产业、安全产业、防灾

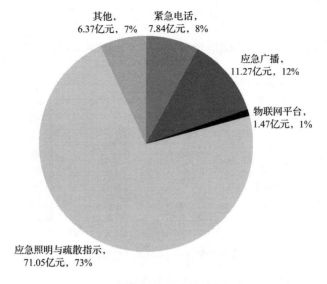

图 9.2　我国应急逃生细分市场构成

减灾产业、信息安全产业、公共安全产业、紧急救援产业等诸多领域，对国民经济的各个方面都具有重要的保障和支撑作用，战略意义重大。

另一方面，应急逃生相关产业在我国属朝阳产业。近年来，在各类应对突发事件的措施和全社会不断增长的公共安全需求推动下，涌现了一批从事应急逃生产品研发、生产和提供应急服务的企业，行业规模不断扩大。目前，国家建立突发公共事件应急管理体系并形成能力，需要大量的应急逃生及救援产品、技术、装备，客观上催生了以国家公共安全需求与民生安全需求为导向的应急逃生产品与服务，推动业内企业朝着专业化、规模化、市场化、标准化、集成化方向发展，拥有广阔的市场前景。

9.3　社会效益分析

发展应急逃生产业可以较好适应经济社会变革带来的挑战和要求。在社会发展关系上，灾害的发生与工业化发展速度息息相关。工业化和城市化迅速发展势必在安全、环保、防疫等方面提出更加严格的要求。应急逃生产业的发展，可以适应经济、社会、自然生态等变化提出的挑战和要求。

随着经济发展、社会进步和公众安全意识提高，应急逃生产品和服务的社会需求不断增长。因此，应急逃生产业发展以需求为牵引，针对各个部门综合处置、单位组织防灾应急、群众个体自救互助、工程现场维保等需求，深挖和培育应急逃生市场，建设形成覆盖面广、产业链长的生态链平台，从教育培训、设计咨询、合作研发、检测认证、工程维保、运维服务等方面快速满足用户需求，为社会公共安全体系建设、防灾减灾救灾能力的提升贡献力量。

9.4　应急逃生技术发展前景

众所周知，建筑防火分为结构防火、材料防火、设施防火及防火管理四大部分，而设施防火根据火灾的发展阶段分为火灾报警、疏散与逃生、自动灭火及救援四个部分，如图9.3所示。

疏散与逃生部分相应的产品及技术包括应急广播系统、应急照明与疏散指示、防烟排烟系统、防火门与防火卷帘系统、应急通信与呼救定位系统等。应急疏散与逃生又可按照灾害发生过程中系统产品对人员的作用分为三个阶段：警示、疏散逃生、救援。

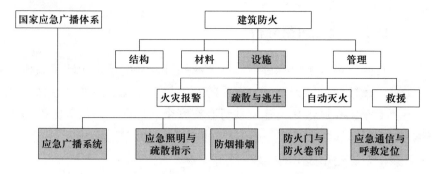

图 9.3 应急疏散与逃生在业内板块的地位

9.4.1 警示阶段

当建筑物内有火灾发生，火灾自动报警控制器在接收到报警信号后，启动建筑物内的消防应急广播，通过扬声器发出应急语音预警提示信息，从而在建筑物内的人员迅速得知发生突发事件，等待火灾确认和进一步通知；待火灾确认后，消防应急广播控制器使与其连接的警报器发出火灾报警信号，警报器的声信号与应急广播火警信息交替循环播放，人员根据指示离开室内，进入通道，准备逃离火灾现场。

背景音乐播放控制器可与紧急广播共用功率放大器，实现在日常采用背景音乐播放器播放背景音乐，发生突发事件时，强制切换为应急广播，如图 9.4 所示。

2020 年国家广电总局、应急管理部印发《关于进一步发挥应急广播在应急管理中作用的意见》（以下简称《意见》）指出，应急广播体系是国家社会治理的重要基础设施，是打通应急信息发布"最后一公里"、实现精准动员的重要渠道。近年来，各地应急广播体系建设取得重要进展，社区、乡村覆盖面不断扩大，在基层社会治理、文化传播、疫情防控等方面发挥了重要作用。为进一步发挥应急广播在应急管理中的作用，建好、管好、用好应急广播，提升应急管理能力。该《意见》还指出，力争到 2025 年全国省市县应急广播平台全部建成，应急广播主动发布终端人口覆盖率达到 90% 以上。其中，灾害事故多发易发频发地区应急广播平台应于 2022 年底前全部建成，应急广播主动发布终端人口覆盖率 95% 以上，有效打通预警信息发布"最后一公里"。

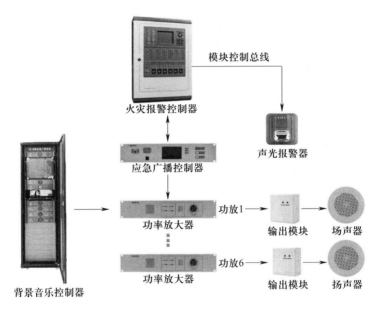

图 9.4　消防应急广播与背景音乐广播系统

根据国家广电总局及应急管理部的意见，应急广播系统将不再仅接收消防联动报警控制器的联动信号，也将同时接受国家广电总局相关灾害预警信号的启动命令，起到国家层面的战略性灾害预警作用，更为广泛地应用于社区和乡村，在提升广大人民群众的获得感、幸福感的同时，提升安全感。

应急逃生技术在未来发展可具有更加准确的警示信息，如预测火灾走势，利用智能分析化探测装备监测，同时在警示过程中结合人的特性加快人的响应速度。

9.4.2 疏散逃生阶段

疏散逃生阶段由消防应急广播和电话系统、应急照明和疏散指示系统共同作用，通过声光引导、指引逃生主体及时准确到达逃生出口，正确顺利通过防火门进入安全通道。在该阶段，防烟排烟系统应根据烟雾扩散情况适时启动，防火门监控系统应有效工作。疏散逃生阶段示意图如图9.5所示。

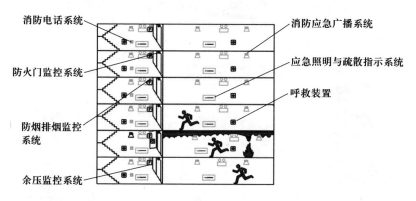

图 9.5　疏散逃生阶段示意图

根据火灾发生地点，应急照明与疏散指示系统生成智能应急预案，应急照明指示灯点亮，标志指示灯根据预案显示正确的疏散指示方向。建筑物内的人员可根据指示标志进行疏散逃生。在应急照明与疏散指示系统中登记注册的人员，可通过手机接收到相应的疏散信息。具有定位功能的灯具可通过蓝牙功能，与人员的手机建立连接，进行室内导航，告知人员此时所处的位置，而不受灾难情况下通信信号弱、丢失等影响。

消防控制室人员和建筑内人员通过拨打 119 火警电话进行报警。起火点附近的人员进入逃生通道后，可使用通道墙壁上的消防电话与消防控制室进行通话报警。

位于逃生通道上的常开防火门，在发生火灾时，受防火门监控系统的控制，启动释放装置，进行关闭，从而起到防烟阻火的作用。

根据《中华人民共和国消防法》和消防产品市场准入制度的要求，目前使用的电动闭门器没有相关产品标准可以适用，应用在防火门监控系统中存在一定的风险隐患。在目前的工程实际应用中所使用的磁吸方式的电子门吸，由于长期处于通电工作状态，存在过热、耗能、寿命周期短等问题，从而影响防火门的启闭性能，对系统的稳定性造成影响。常开防火门定位装置与释放装置，解决了目前防火门监控系统中应用的电磁门吸存在的长时间通电及稳定性问题，在实现节能环保的同时，能够保证系统的可靠运行。释放装置的圆形链底座安装于防火门开启方向一侧，释放器安装于墙体上，通过释放器的内部机械结构使防火门克服闭门器的力保持常开，当此门需要关闭时，防火门监控器向释放器发关门命令，机械结构脱开，防火门在闭门器的作用下自行关闭，并通过定位装置将关闭信号传送至监控器，如图 9.6 所示。

在防火门监控器向释放装置发关门命令后，若门未关闭，释放装置还可智能判断原因，是由于装置未脱开，还是门被障碍物挡住而导致的未关闭；若系装置原因，可自行释放 3 次，若仍未脱开，装置会向监控器报自身故障，通知操作人员来检查，实现

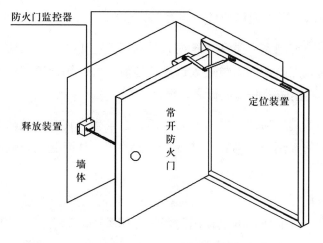

图 9.6 防火门安装示意图

智能化操作。在系统正常监视的过程中，当通信线断开，释放装置可自行释放，防火门可在闭门器作用下自行关闭。防火门可根据需要开启，在任意角度都可使防火门保持常开。

9.4.3 救援阶段

救援阶段由消防应急广播和电话系统、呼救与定位装置共同作用。当人员受困时，呼救装置为人员求生提供技术支持和定位功能，提供人员位置信息。同时借助逃生通道的闭路电视系统，辅助确认人员情况。当确认救援需求后，通过消防电话和物联网平台，将相关信息上报至救援指挥中心，并能为救援人员提供定位信息，从而实现从地毯式搜救向精准救援的转变，如图 9.7 所示。

当逃生通道人员因各种原因无法顺利逃出建筑物时，可通过逃生通道内的呼救装置进行呼救。呼救装置可利用现有消防应急广播和电话系统的相关功能，并与之实现联动。在应急广播状态，呼救装置应能循环发出"有人请呼救"的语言信息，每次发出语

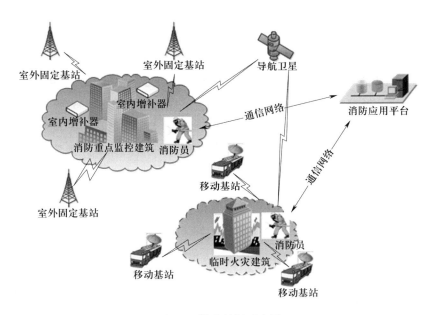

图 9.7 精准救援示意图

言信息后的停顿期间，呼救装置应能接收语音呼救信息，并将位置信息传送给消防控制室图形显示装置。

呼救装置可采用触发式、语音识别式、语音交互式及以上几种形式组合的方式。其中，触发式呼救装置具有定位功能，当受困人员触及该装置时，可将该装置的位置发送给消防控制室，从而实现对受困人员定位；语音识别式呼救装置可自动滤除非人员发出的背景噪声，识别人声，并将识别信号及位置发送给消防控制室；语音交互式呼救装置可使受困人员与消防控制室人员进行语音通话，同时该装置可将其所在位置信息上传至消防控制室。

另外，具有定位功能的疏散灯具可确定人员的位置信息并上报至消防控制室，救援人员可通过受困人员的定位信息进行精准

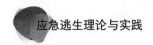

救援，极大地减少不必要的资源损耗及人员伤亡。

　　发生火灾情况下的疏散逃生过程及应急疏散与逃生系统的运行方式具有广泛的前景，尤其是 5G 技术的到来必然是一场技术革命，将 5G 技术与消防设备相结合，保证网络在发生火灾状况下的有效性，运用到逃生系统中使其真正实现智能化，并推广至各种突发事件场景中，应急疏散与逃生系统将为保障人民群众生命安全发挥巨大的作用。